做一个
不攀附、不将就
的女子

[美]戴尔·卡耐基　[美]姚乐丝·卡耐基 ○ 著

微澜 ○ 译

图书在版编目(CIP)数据

做一个不攀附、不将就的女子 / [美]戴尔·卡耐基，[美]姚乐丝·卡耐基著；微澜译. —— 哈尔滨：北方文艺出版社，2017.7

ISBN 978-7-5317-3885-5

Ⅰ.①做… Ⅱ.①戴… ②姚… ③微… Ⅲ.①女性-修养-通俗读物 Ⅳ.① B825.5-49

中国版本图书馆 CIP 数据核字（2017）第 128431 号

做一个不攀附、不将就的女子
ZUO YIGE BU PANFU BU JIANGJIU DE NÜZI

作者 / [美]戴尔·卡耐基　[美]姚乐丝·卡耐基　著　微澜　译

责任编辑 / 王金秋

出版发行 / 北方文艺出版社　　　网址 / www.bfwy.com
邮编 / 150080　　　　　　　　　经销 / 新华书店
地址 / 黑龙江现代文化艺术产业园 D 栋 526 室

印刷 / 北京嘉业印刷厂　　　　　开本 / 880×1230　1/32
字数 / 223 千　　　　　　　　　印张 / 10
版次 / 2017 年 7 月第 1 版　　　　印次 / 2017 年 7 月第 1 次印刷

书号 / ISBN 978-7-5317-3885-5　　定价 / 39.80 元

前言　更好地利用本书的几条建议

怎样更好地利用本书的几条建议

建议一

如果你想从本书中有所收获，就需要具备一项不可或缺的基本条件，否则再多的方法对你来说也毫无意义。

这个重要而神奇的条件是什么呢？其实它不过是一种持之以恒的学习欲望，一种让自己冷静处事，得以克服忧虑，享受幸福人生的决心。

建议二

在阅读本书之前，先快速浏览每一章，获得一个整体概念。如果你仅仅是为了消遣，那就不要浏览这本书，因为这不是一本供你消遣的书。如果你是为了提升自己心理素质及为人处世的技巧而读这本书的话，那就请你再翻回去，将所读过的内容再详细阅读，因为这才是既省时又奏效的办法。

建议三

当你阅读本书时，应不时地暂停片刻，思考一下自己看过的内容。你还要问问自己该如何运用本书中的各项建议。这样阅读会比一口气读完要更有益处。

建议四

生活之中总会出现一些突发情况，没有人知道未来会是个什么样子！但是，明智的人会为它的来临做好准备。

建议五

如果你想从本书中得到切实又持久的教益，就不能走马观花地看一遍就作罢。在仔细阅读之后，建议你平时把它放在你面前的书桌上，可以随时翻几页，这会使你注意到深藏于你自己身体内部的、可以大大改进的潜能。

务必记住，只有通过长期有效的温习与实践，才能在不知不觉中使这些原则的运用得心应手。

建议六

当你阅读本书时，别忘了你不只是想要获得一些知识，你更需要养成一种新的心境、新的习惯，甚至开创一种新的生活。

建议七

最后，建议你坚持写日记，你可以在日记中写下你运用这些原则所取得的成果。对此，请认真对待并尽量写具体。写这种日记，将会激励你更加努力地完善自己。多年之后，当你无意中回顾时，一定能体会到无穷的乐趣！

你忠实的朋友　戴尔·卡耐基

目 录

Part 1　戴尔·卡耐基：做心灵坚韧的女人

ONE　活出最精彩的自我　/　003

你是颜色不一样的烟火　/　004

别让你的生活太单调　/　011

从改变形象开始　/　017

你不爱自己，谁还会爱你　/　021

自卑只因未发现自己的美　/　028

努力做一个明媚的女子　/　034

TWO　不要为爱屏蔽朋友圈　/　039

尝试去爱最本真的自己　/　040

快速让人产生好感　/　043

与人交往，耐心倾听　/　051

了解并满足他的需求　/　053

用真诚与热情暖化他　/　058

THREE　身为女性也应独立自强　/　065

不要活在"过去"与"未来"　/　066

将满腔热忱投入工作　/　073

微笑是打动人心的法宝　/　080

争取"今天"的快乐　/　086

为了今天 / 092

将烦恼交给时间解决 / 094

站在对方的立场思考 / 097

FOUR 家庭和睦需用心维护 / 101

爱他，就选择支持他 / 102

你的婚姻为什么会出现问题 / 108

"性福"了，才能更幸福 / 111

唠叨——婚姻破裂的催化剂 / 115

倾听家人的"心里话" / 119

FIVE 我所敬佩的魅力女人 / 125

埃及艳后克里奥帕特拉 / 126

拿破仑的妻子约瑟芬 / 132

身残志坚的海伦 / 138

作曲家邦德夫人 / 143

神秘影星——嘉宝 / 147

影坛巨星凯瑟琳·赫本 / 153

著名影星璧克馥 / 158

"灰姑娘"海伦·杰普森 / 163

Part 2　姚乐丝·卡耐基：做成熟知性的女人

SIX　创造温馨的家庭环境　/ 171

　　你为何要自找烦恼？ / 172
　　做个可人的"小女人" / 181
　　增强丈夫对你的信赖 / 186
　　和他的女秘书愉快相处 / 195
　　用心维护丈夫的形象 / 201

SEVEN　不要遗失你的交际圈　/ 207

　　如何获取真正的友谊 / 208
　　怎样与男性和谐相处 / 216
　　不要做无聊乏味的人 / 228
　　不要陷入寂寞的"沼泽" / 237

EIGHT　做更美好的自己　/ 245

　　用知识促进心灵成熟 / 246
　　当"成熟"遇到"爱情" / 257
　　适当工作拥有神奇力量 / 265
　　如何提高工作热情 / 277

NINE　冷静应对突发状况　/　283

丈夫调职，是否跟随？　/　284
试着减轻丈夫的压力　/　289
支持丈夫的特殊工作　/　293
给他创造安心工作的环境　/　298
成为一个合格的贤内助　/　302

Part 1

戴尔·卡耐基：做心灵坚韧的女人

ONE　活出最精彩的自我

TWO　不要为爱屏蔽朋友圈

THREE　身为女性也应独立自强

FOUR　家庭和睦需用心维护

FIVE　我所敬佩的魅力女人

ONE

活出最精彩的自我

心灵的成熟要靠不断地自我发掘,
不能了解自己,也就无法了解别人。
"了解自己"是智慧之始,
正如苏格拉底所言:
你是世界上唯一的你!

你是颜色不一样的烟火

我非常喜欢园艺,我的太太常说,我经营的玫瑰花园给大家增添了很多乐趣。有一天,我们共同欣赏玫瑰花时,有一对年轻的夫妻从旁边路过。

年轻的姑娘对身边的小伙子说:"你看这里的玫瑰长得多漂亮呀!"

小伙子却说:"这些花有什么好看的,不都长得一样吗?"

等他们离开后,太太也发现这些花似乎除了颜色不一样,就没什么不同了。

我便对她说:"乍一看,这些玫瑰花好像都差不多,其实不然!如果你仔细分辨,就会发现颜色和品种都一样的花之间仍有细微差别——成长速度、花瓣卷曲的程度、颜色铺展的密度,每一朵都存在细微的不同。"

自然界到处充满多样性,而人类自身更是千差万别。前英国科学促进协会主席、古人类专家亚瑟·凯斯爵士说："没有任何人曾经或即将与另一个人度过完全相同的人生旅程……每一个人的生命体验都是独一无二的。"

不错，每一个人的生命体验都是独一无二的，即使我们是由相同的"材料"组成。

要获得如何变得成熟的智慧就必须认识并理解这个道理，它是一座我们跟其他同胞沟通的桥梁。只有我们尊重对方是个"个人"，我们才能跟他沟通或建立有意义的关系。

这话听起来似乎很容易，事实上随着现代社会的变化越来越难。虽然我们喜欢这个自认为是已经废除了阶级意识的国家，但事实上却仍然受到阶级意识的支配。

我们发展出一套特殊的用语，反映出我们不喜欢把一个人当"个人"看待，而将他纳入我们认为他所归属的阶层里，例如："普通人""中下阶层""消费大众""低收入人群""白领阶层""蓝领阶层"等等。

这一切"标签"显示我们缺乏将他人当作"个人"的意识，而是把"个人"放在一个群体当中当作无名无姓、没有面孔的一分子。

我们被分类，然后被归纳于某一个群体中。在生活中，我们的方方面面都在受调查，社会调查员对我们再熟悉不过：我们每周喝几杯咖啡，多少人拥有汽车及什么牌子的车，听什么广播或看什么电视，甚至我们每年有多少次性生活，过得怎么样等等。

大家都在强调"调整适应""群体整合"和"社会机动性"，削弱自己的个性以顺应所属群体。绝对的个人主义已经不复存在了。难怪我们总觉得自己已经失去独立性，如果思想和行为与他人出现差异时，心里就会感到不舒服。

事实上，每个人还是希望自己能独一无二地生活。分类的压力、认同的压力并不能阻止人们内心深处渴望与他人不同。而这种渴望一旦通过外在表现挣脱出来，我们可能会被当作异类，送进精神病院，从此更加难以找回迷失的自我。

怎么解决这个问题呢？怎样做一个与众不同的"个体"？怎样变成相对成熟的自己？我提出三个建议：

（1）在孤独和退隐中认识自己

过度紧张的生活使我们失去了自我反省的机会，因此我们必须为孤独创造机会。制造出绝对安静的环境进行自我反省。

不同的人对孤独有不同的理解。一个朋友说，如果他需要沉思，他会上街进行长距离的散步，任自己淹没在人群中，他说："在这种方式下思考问题，能避免分心。"

在纽约时，我常去附近一家教堂，因为那里安静。这样能使我内心平静，使自己保持活力，使精神更振奋。

我最难得的孤独时刻是自己沉浸于自然那一刻。我很少做长距离散步或户外活动，但是我经常在花园里散步，不时抬头望一眼树和天空。四季的更迭真是个伟大的奇迹。方寸的土地和广袤的田野都可以体验欣赏的乐趣。我此时就会感觉到自己已经与大自然亲密交融。

也许有的人喜欢在安静的房间独处。不管怎样，每天创造一段孤独的时光，把电话和所有干扰的事务抛开，这是我们探索自己的生活、信念和行动必须要做的。许多哲学家和思想家都强调过孤独的价值，耶稣、佛陀、施洗者约翰、笛卡儿、蒙田、班扬等人正是在孤独中获得了启示。

（2）摆脱习惯这把枷锁

我们已经被埋在习惯和无聊的事务里面，只有通过超凡的努力才能将我们解救出来。有多少人甘愿套上习惯和惰性的枷锁，沉闷、无望地苟且度日？

我有一个年轻女学生，跟我讲过她和她丈夫破除习惯枷锁的故事：

"我丈夫和我都喜欢看电视，"她说，"我们每天下班后第一件事就是打开电视，看着电视节目吃晚饭，直到看到困得必须睡觉。为了不错过好节目，我们不去拜访朋友、不看书，也不外出享受美好的时光。别人来拜访我们，我们就盼望他快快离开，好继续看被打断的电视节目。

"有一天我和我的朋友们一起吃午饭，我发觉我已经无法跟她们交谈，我根本插不上嘴。我哪儿都没去过，什么书也没看过，什么事也没做过，我生命里的黄金时间都被一间黑屋子里的电视机耗费了。

"回家后，我劝丈夫，有的人连戒毒都能成功，我们应该也能从电视节目中解脱出来。他很赞同我，我们开始努力做其他事务，以便转移精神。我们报名学习成人教育课程，经常打保龄球和出门访友，又从图书馆借书来看，然后互相读给对方听。我很满意能戒除电视瘾。我们的工作和婚姻也因此而改善。我们感到生活中有很多乐趣，而且无论对自己还是对别人，生活的价值都提高了。"

两个曾被埋在习惯里的人，终于获得解放。

（3）发掘生活中我们最满意的东西

1878年，心理学家威廉·詹姆斯在给妻子的信中有一段精彩的描述："……我坚持认为要正确评价一个人的人格，最好的时机是观察他最活跃、最满意时的精神或道德态度，这时他内心传达的声音是：'这就是真正的我！'"

简单点说就是：兴奋时"真我"便自然浮现，一个人"最活跃最满意"时也最兴奋，不管这个人是对一个想法、一个人还是一种情况表示兴奋，都会使我们摆脱无聊的事情、习惯和压力，形成对"真我"的刺激。

兴奋是让工作获得成功的最基本要素，它激发我们的热情发挥最大潜力。伟大的物理学家、诺贝尔奖获得者爱德华·维克多·艾波顿爵士有这样一句话听来让人吃惊："谈到科学成功的秘诀，我甚至愿意将热情排在专业技术的前面。"

当然，爱德华爵士不是说专业技术在科学研究中不重要，他想说的是热情、兴奋会对一个人掌握专业技术形成刺激。

我在从事演说44年的经验中，得出"演讲的效果取决于演讲者对他的讲题的兴奋程度"的结论。不管是讲氢弹，还是讲岳母大人，或者是讲伊索匹亚的降雨量，我的演讲对听众形成的冲击力总是与我自己对讲题的感受力成正比。

个人的性格很难改变，只能使它显现。要找出我们身上区别于他人的宝贵的优点，就必须从心底里剔除那些恐惧、畏缩、多疑、迷惘、恶习等等。兴奋，就是烧毁这些东西，使真性情、真性格袒露的大火。

兴奋的形式多种多样。爱就是一种使我们敞开自我的形式。看过电影《玛蒂》的人都能体会到爱是如何使原本无聊孤单的人得到改造，进而去开创他们崭新的世界的。

兴奋是人们不断刺激自己工作、活动的动力。耶鲁大学的威廉·里昂·费尔普斯教授有一本书叫《工作的兴奋》，书中到处都洋溢着他对工作的兴趣。

生活危机能刺激一些人，使他们鲜活起来。规模比较大的如战争、洪水或地震等灾难的降临，会对人产生强烈的刺激，唯真英雄能见本色；就比较小的规模来说，比如当家庭发生危机时，那些和子女同住、看上去已经老朽的人，却往往能成为一种力量，发挥重要作用。

所以，以下便是使我们与他人区分开来、培养自己独特个性的三种方法：

每天给自己一刻独处的时间；

努力挣脱恶习的桎梏；

发自内心地兴奋和狂热。

心灵的成熟要靠不断地自我发掘，这是一个持续不断的过程。不能了解自己，也就无法了解别人。"了解自己"是智慧之始，正如苏格拉底所言："你是世界上唯一的你。"

别让你的生活太单调

每个人都是一个独立的个体，是不依赖于任何一个人，而可以独立生存的。即便是关系最为亲密的父母、爱人、子女，或是关系紧密的朋友，都不能去主宰你的人生。

但是现实中却有许多人不管是做任何事情，哪怕在做一些决定时，也总喜欢让别人去帮自己选择，替自己决定，却不会按照自己真实的想法去做决定。一直以来，他们过着属于别人的生活，走着别人为他规划好的人生道路，完全没了自我。而这些人中，大多是女性。

曾经有许多女性向我抱怨，说自己完全是为丈夫而活，生命中除了他，就没有其他的了。丈夫说什么，她就会做什么，只要是丈夫的要求，不管是多么困难，自己都会想方设法去完成。自己一直努力变成丈夫希望的样子，可到头来，丈夫反而越来越不喜欢自己了。

我们现在所处的是一个倡导"独立""平等"的社会。而作为一名女性,更应该养成一个良好的习惯,做一个真正"独立"的人。

没错,生命对我们的要求就是这样。然而住在密歇根州沙支那城的薛尔德太太,感到极度忧虑和疲惫,甚至想自杀。

"1937年我丈夫死了,"薛尔德太太对我讲述她的过去,"我觉得非常颓丧,而且几乎身无分文。我写信给我以前的老板利奥罗区先生,请他让我回去做我以前的工作。我从前靠推销《世界百科全书》过活。两年前我丈夫生病的时候,我把汽车卖了,现在我又勉强凑足了分期付款的钱,买了一辆旧车,重操旧业,出去卖书。

"我起初的想法是,再回去做事或许可以帮我解脱我的颓丧。可是要一个人驾车、一个人吃饭,几乎令我无法忍受。有些区域根本就做不出什么成绩来,虽然分期付款买车的数目不大,但我仍然难以偿还。

"1938年春天,我在密苏里州的维沙里市,那儿的学校都很穷,路也很不好走,我一个人非常孤独和沮丧,所以有一次我甚至想到自杀。我觉得成功对于我来说是遥不可及的,活着已经没什么希望。每天早上我都很怕起床面对生活。

"我什么都怕,怕自己交不出分期付款的车钱,怕自己交不出房租，怕没有足够的食物充饥，怕自己的健康情况变坏而没有钱看医生。但最后我没有自杀，唯一的理由是我担心我的姐姐会因此而难过，而且她又没有足够的钱来支付我的丧葬费用。

"后来有一天，我读到一篇文章使我重新焕发勇气继续活下去。我永远感激那篇文章里那一句令人振奋的话：'对一个聪明人来说，每一天都是一个新的生命。'我用打字机把这句话打下来，贴在车子的挡风玻璃上，让我开车的时候能看见它。我发现每次只活一天并不困难，我开始学会忘记过去，不想未来，每天早上我都对自己说：'今天又是一个新的生命。'

"我成功地克服了对孤独与需求的恐惧，我现在过得很开心，也还算成功，并对生命满怀热情和爱。现在，我知道，不管在生活上碰到什么事情，都不要害怕。现在，我知道，'把只活一天'当作每天的小目标，就很容易实现，而'对一个聪明人来说，每一天都是一个新的生命'。"

男人只要能够将一些时间花在他的兴趣上面，重返他的工作岗位时就会焕发一番生机。因此女人也应该参加一些家庭以外的活动，来调剂心境从而轻松地从事自己的家务。

往往不是繁重的工作让你疲倦，而是生活的烦闷和单调。许多人花费在游戏上的精力不少于为生活而奔忙，因为生活内容的改变，能够给人带来新鲜有趣的感觉。

家庭主妇往往有很多的时间独处，如果能够在家务之余和他人一起交往，将很有益处。例如，参加消费者讲习会或是去欣赏音乐会，要不就到慈善机构去帮帮忙，类似这样的活动，既能够发展女性的个性，而且可以带来一些新观念。

华尔特·G·芬克白纳太太家住得克萨斯州安东尼奥城泰拉阿尔塔路239号，她在自己的孩子上学之后，就到教堂学校去授课。从中她发现自己很适合教导小孩，于是她就去教幼儿园班。

她说道："这份工作给我带来许多惊喜，以前，我对家人要求过于呆板，事事都严格要求。现在，我的眼光放开了，我每天提早一个小时起来安排家务，接着送孩子上学，然后到自己的学校去上课。

"我是那些孩子们的保育员。我的生活是这样安排的：星期三晚上，我和丈夫去打球。星期四晚上参加讨论会，我的精神从中得到了许多好处。另外的三天我上课。就这样一周的时间排满了。我从这些工作中得到了意外的收获，那就是为我们的晚餐增加了许多的乐趣。因为晚餐是我们全家唯一团聚的机会，在这个时候，大家都有些话题拿出来讲，使我们更加愉快。

"有一篇文章描述一个精神病患者，说在他小时候，他的父母经常在餐桌上激烈争论有关金钱、生活和别的事情，这一不快的记忆，常常使他把吃下的东西呕吐出来。我们家有个规矩，就是在吃饭的时候只许谈愉快的话题。晚餐成为我们家的一个联谊时间，所有成员共享天伦之乐。我那富有创造性的闲余安排，此时为我提供了说不完的有趣话题。

"从事这些活动也能使你客观地判断事情的价值。因为我把精力放在值得去做的事情上面，所以能够对终日忙碌的琐事视而不见。这样就可以将精力集中起来，把我们的家变成一个安乐园，使每个成员从中得到愉悦。"

适当的业余爱好，不仅能够充实你的日常生活，还能够调节你的情绪，给你烦琐、乏味的生活增添更多乐趣。但是选择什么形式的活动，还要根据你自己的爱好来决定。

首先，仔细想想你一向想得到的或是想去做的事情。只要你认真观察自己的周围，就会发现许多极有价值的活动，即使你住在一个小村子里也是这样。假如你果真找不到适合你的活动，那就不妨多辛苦些，设法将与你们志同道合的人组织起来。

我太太是这样安排的：她加入了纽约莎士比亚俱乐部，固定参加他们组织的活动，这给她带来了许多益处。这是一个研究性的文学团体，所讨论的题目都是她所喜爱的，人们探索着400年前的世界，这样就使20世纪的问题具有了一种新鲜的观感。同时还使我们在谈话的时候，除牛排等食品的价格以外，多了一些可谈的东西。

我个人对亚伯拉罕·林肯的生活经历非常感兴趣，而我太太的兴趣则是莎士比亚。我们相互交流，这样就更好地了解对方的偶像。我们经常在一起讨论问题，也难免争论起来，不过气氛都非常愉快。因为各有所好，便能相互拓展对方的眼界，双方得到加倍的好处。这是不是比两人志趣完全相同更有趣呢？

假如你已经感到自己的生活缺乏活力，需要调整的话，你应该找到家务以外的活动内容，并且尽力去做好。

从改变形象开始

有些时候,在思考和分析的基础之上,还要来点儿别的,也许只有果敢、坚决的行动才是最有效的,所以当需要付诸行动的时候,不能犹豫。

人们都喜欢欣赏美好的事物。当你走在大街上,看到一个年轻的女性——身材高挑,气质优雅,穿着时尚的服饰,画着精致的妆容,面带微笑,浑身散发着自信的气息,你是否也会忍不住多看她两眼呢?

作为女性的你,是不是也希望像她一样,可以驾驭自己喜欢的服饰,可以变得充满自信?那就从现在、从今天开始做起,让自己"脱胎换骨",让自己的形象变得更加出众。

一位身兼大学校长职务的心理学家向一大群人发出问卷:服装会对人们产生什么影响?被询问者几乎一致表示,当他们穿戴整齐、全身上下一尘不染时,这时服装会对他们产生一种影响：让他们自信心大增，自尊心变强。

当他们的外表显得成功时，他们表达的思想也比较容易成功，也更容易达到成功。这很难解释清楚，但它真实地存在，这就是服装对穿着者产生的影响。

如同演讲时，如果演讲者是位不修边幅的男士，穿着松松垮垮的裤子、走形的外衣和鞋子，自来水笔和铅笔露在胸前口袋外面，一张报纸、一根烟斗或一罐烟草把西装的外侧塞得鼓了出来；或者一位女士带着一个丑陋的大手提包，衬裙又露在外面……听众面对这样的演讲者毫无信任，认为演讲者的头脑一定也是乱七八糟的，就像他那头蓬乱的头发、没有擦拭的皮鞋，或是鼓鼓的手提包一样。

在现实生活中与人交谈也是如此。如果你着装整齐得体，不仅会使你自己更有自信、有魅力，还会使那些和你交谈的人心情愉悦。

但是却有许多人，为自己不修边幅的形象找着各式各样的借口："我没有合适的衣服搭配我新买的鞋子""我来得太着急，没来得及整理我的头发""我明明没有吃很多，可就是一直在长肉""我事情太多，每天回到家里都已经很晚了，根本没有时间保养皮肤"……

我们都知道拥有一个良好的形象对自己有多么重要。可能每天你都在想，如果自己瘦下来，就能够穿上自己梦寐以求的公主裙和晚礼服，说不定你喜欢的男生也会开始关注你……可是当你再次面对美食的时候，却又将减肥的想法抛之脑后，等你心满意足之后，又会想："算了，今天吃太饱，不适合运动，我还是躺床上看小说去吧……"

在我们的身边总会有这么一种人，每天都会喊着响亮的口号："我要瘦！我要瘦！""我要变美！我要变美！""我要优雅！我要优雅"……结果却是，每天空喊着口号，做白日梦，却没有什么实际行动。是你，还是你身边的她/他？

有些时候，在思考和分析的基础之上，还要来点别的，也许只有果敢、坚决的行动才是最有效的。当需要付诸行动的时候，不能犹豫。不要把时间耽搁在为自己找借口上。振作起来，投入行动！

要打造一个良好的形象，首先要有一个健康的身体。想要拥有一个健康的身体，除了合理的饮食，还需要适当运动。当然，运动的好处不仅仅是让你的身体更健康，它对驱除你的烦恼也有着重要作用。

前奥运会重量级拳王文迪·伊甘上校曾说："当肉体疲倦时，精神也会随之得到休息。当你烦恼时，多做些肌肉运动，少用脑筋，其效果会令你惊讶不已。"

如果我发现自己有了烦恼，或是精神上像埃及骆驼寻找水源那样，猛绕着圈子转个不停时，我就利用激烈的体能运动来帮助自己驱逐这些烦恼。

　　这些活动可以是跑步，乡村徒步远足，打半小时的沙袋，或在体育场打网球。无论是什么，体育活动总是能够使我的精神为之一振。每到周末，我会从事多项运动，比如绕高尔夫球场跑一圈，打一场激烈的网球，或者到阿第伦达克山滑雪。当肉体疲倦时，精神也随之得到休息，当再度回到工作岗位时，我就会神清气爽，充满活力。

　　在纽约，我经常到俱乐部健身房去待上一个小时。没有人在滑雪或者从事激烈运动时还会烦恼不已，因为他忙得没时间烦恼。在运动面前，烦恼的大山很快就变成微不足道的小山丘了，一个新念头和新行动很容易将它"摆平"。

　　烦恼的最佳"解药"就是运动。当你烦恼时，多用肌肉，少用脑筋，其效果会令你惊讶不已。至少这种方法对我极其有效，当我开始运动时，烦恼就自动消失了。

你不爱自己，谁还会爱你

心理学家说不喜欢自己的人也不会喜欢别人。对周围的一切事物和身边的所有人都怀着仇恨心理的人，也肯定会有着强烈的自我厌弃心理。

哥伦比亚大学的教育学教授亚瑟·T·杰西尔博士曾提出这样的观点：通过帮助儿童或成人了解自己这种方式来帮助他们建立自我接受的成熟态度。在《当教师与自己面对面的时候》这本书中，他写道：自我接受对老师更为重要，因为他们的生活和工作中充满奋斗、欣慰、希望和苦痛。

斯曼莱·布兰顿博士也曾在一本书中写道："适度的自爱，是一个人健康的反映。适度的自重对工作和事业都将大有裨益。"

这话说得很对。"爱自己"是健康、成熟地生活的一个标志，不能理解成自以为是。爱自己就是接受自己，冷静地、客观地、怀着自尊心和人类的尊严感接受自己。

心理学家 A. H. 马斯洛在《刺激与性格》一书中也曾说到欺骗自己的感受。他说："机能心理学理论出现的一些概念是自然放松、自我接受、冲动知觉、自满自足。"

一个成熟的人没有时间去想自己哪里不如别人，他们不为自己不具备比尔·史密斯的自信或吉米·琼斯的积极态度和进取精神担忧。他总是自我批评，他清楚地了解自己的弱点，但他肯定自己具有基本的目标和动机，然后，他花精力改进而不是哀叹自己的弱点。

无论对自己还是对别人，他都抱有同样的宽容心，因此他自处时毫无苦恼可言。

喜欢自己跟喜欢别人是不是同等重要？心理学家会说，如果我们不能喜欢自己，那么我们就无法喜欢别人。仇恨一切事物和一切别人的人，厌弃和虐待自己同胞的人，必然会更强烈地表现出自我厌弃。

哥伦比亚大学教育学院的教育学教授亚瑟·T·杰西尔博士提出应该通过教育帮助儿童乃至成人了解自己，帮助他们建立自我接受的成熟态度。在他的新书《当教师与自己面对面的时候》中，他认为：教师的生活和工作，充满奋斗、欣慰、希望和苦痛，自我接受对教师来说尤为重要。

现在，医院里一半以上的病房被那些对自己感到厌恶的人占据着，而成千上万遭遇感情和精神困扰的人还在外面排队等候，这些人都是无法与自己相处的人。

在此，我不准备分析产生这种不幸情况的原因何在。我只怀疑——我们生活在这个激烈竞争的社会里，只强调物质上的成功和社会地位的价值，赶超别人成为所有人的目标——与现代人精神上的疾病不无关系。

哈佛大学的心理学家罗伯·W·怀特在《进步的生活：性格自然成长的研究》一书中，曾谈到现在一种观念正普遍流行："任何人都应该调整好自己以适应身边的环境。"

怀特博士说："这种观念，误导人们相信最理想的人都善于调整自己以适应固有的生活模式、乏味的生活规则、苛刻的外界限制，或屈从于成就感的压力，尽一切可能，努力适应。这样的结果只能使人迷失方向，失去成长、创造的可能性，简单地说，就是屈服于压力，而失去自身的创造力与发展的潜力。"

我非常赞同怀特博士所说的。很少有人有特立独行的勇气或清楚地知道自己能代表什么。社会和经济群体支配着我们的行为，我们与我们的邻居有着相似的生活和思想。如果我们任自己的个性与身边的环境发生冲突，就会神经过敏，患得患失，茫然无助，不再喜欢自己。

几年前，我的一个女学员就曾因这种冲突而感到困惑。她的律师丈夫是一个有很大野心的人，喜欢积极进取，独断专行。他们的社交圈子由与他类似的以社会地位来衡量其成就的所谓名流人士组成。这位太太看上去很文静很谦虚，在这种圈子中她感到压抑、卑微。那些人不懂得欣赏她所具有的优良品质。她变得沮丧起来，渐渐地失去了自信，因为自己总不能达到那些人对她的要求。她越来越不喜欢自己。

这个女人是大可不必如此苦恼的，她不应该改变自己以适应环境，而是应该愉快地接受自己，卸下企图改变自己的压力。她还应该懂得"天生我材必有用"，每个人只能按自己的性格行事，而不是照搬别人的。

她重塑自我的第一步是不以别人的标准来衡量自己，要建立自己的价值观，并把它应用于生活，同时还要学会独处，少做自我批评。

不喜欢自己的人总爱挑自己身上的毛病。适度地检讨自我可促进健康且富有建设性，也可提高自我，但是不要让它成为一种强制性观念，那将会使我们陷于瘫痪，阻碍我们积极行动。

一天晚上，我讲完课，班上的一个女学生找到我，抱怨自己讲话讲不出预期的水平。

她告诉我："一登上讲台，我就感到特别胆怯和别扭。别的同学看起来都那么沉着自信。可我一想到自己的缺点就气馁，这样就更加说不出我事先准备好的话了。"

听完她的抱怨，我用了一句简单的话回答了她的问题："把你的缺点抛在一边，导致你演说失败的不是缺点而是缺乏优点。"

其实，导致一场演说、一个人或一件艺术品失败的往往不是什么缺点。在莎士比亚的戏剧里面，历史和地理的错误随处可见，狄更斯的小说的某些段落也描写得过分煽情。可是谁会在乎？

这些伟大的作品仍然长盛不衰，光芒闪耀。它们的优点掩盖了缺点，使得缺点可以忽略不计。我们结交朋友是源于他们有优点，而不是担心他们有缺点。

要想实现进步和突出自我就要集中精力发挥自己的长处，展示最好的一面，抛开缺点。我们一定要纠正自己的错误，迅速忘掉它们。

负罪感和自卑感是千万不能有的心态。如果我们陷入这两种心态中，便不可能尊重或喜欢自己，同时也厌恶别人拥有这两种心态。我们要做的是埋葬过去，重新来过。

在尝试喜欢自己的过程中，我们必须培养容纳自己缺点的肚量。这并不意味着要降低标准，任自己变得懒惰或不肯尽力。我们都明白没有人能永远达到最好。强求别人完美有失公允，苛求自己完美就是完美主义了。

我曾在几年前参加了一个组织，其中有一位绝对完美主义的女士，她经手的每一件事都必须分毫不差。但在别人看来，她的工作很少是成功的。一份简单的报告她要斟酌几个小时才能提交；发表演讲时，她会围绕着一个题目说个没完，让听众受累；她家从来不欢迎不速之客；举办宴会，她会把所有的细节事先全部安排妥当。这位女士煞费苦心，达到了近乎机械式的完美，却以付出欢乐、自然和温暖为代价。这样的完美其实无聊透顶。

要求自己不断追求完美是一种无情的自负。他们不能忍受自己仅仅是跟别人一样好，他们一定要超越别人，一定要受人瞩目。他们不是把注意力投注在付出自己的全部的才华去做好每一件事，而是专注于超过别人，把自己置于完美的架子上。

完美主义者也是人，也会像其他人一样遇到失败，但他不能容忍自己无法超越失败，结果只能痛恨自己。

对待自己不要太苛刻，偶尔停步自我解嘲一番，你会更喜欢你自己。

在上面一章中，我曾提出每天给自己一段独处的时间以便于我们能够了解自己，这是必要的。孤独对尝试喜欢自己有很大的帮助。马里兰州巴尔的摩薛顿精神病学协会的董事里奥·巴蒂梅尔博士曾说："过去的人习惯在晚上入睡前反省自己当天的所作所为。现在看来这仍不失为懂得如何善待他人和自己的一个好方法。"

如果我们连自己都忍受不了，就不要奢望别人喜欢我们待在他们身边。哈瑞·艾默生·福斯狄克说，受不了独处生活的人就像"受风吹拂的池塘，风不停，永远无法获得平静，永远无法真正反映出自己美好的东西"。

在尝试独处的过程中，我们可以为心灵找到一个驿站、一个参照物、一个我们与外界保持联系的核心位置。安妮·莫罗·林伯格在《来自大海的礼物》一书中有一句话："一个人只有在与自己的核心发生联系时，才能找到与他人的联系。我认为，孤独能让我最快地找到我的核心、我内在的本质。"

孤独为我们提供了一个相对客观的观察生活的条件。"安静下来，同时体会我就是上帝。"这是《圣经》诗篇中的建议，一个好的建议。孤独给灵魂带来的好处如同新鲜空气给身体带来的好处。

寄满足和快乐于别人身上，就无异于把重担压在我们所爱的人身上，然后从中抽取快乐。喜欢、尊重和欣赏我们自己，与喜欢、尊重和欣赏别人一样，是健全人格的一部分。

自卑只因未发现自己的美

人生中,不论是学业、事业、社交还是生活,都离不开自信。自信可以让你成为颜色不一样的烟火,绽放出属于自己的独特光芒,让你的生活更加精彩;自信的人全身会散发一种独特的气息,吸引别人的关注,从而获得更多的朋友;自信的人做事更容易获得成功……

我们都知道自信非常重要,自信的人身上有着特殊的魅力。而作为社会弱势群体的女性,更应该让自己变得自信。但是,在现实生活中,许多人都存在着自卑心理。

有女学员曾对我说:"我非常渴望自己能够像其他学员一样,勇敢地站在演讲台上,满怀自信地面对下面众多的观众侃侃而谈……但是,我是那么胖,也不漂亮……"

我便鼓励她每天穿上漂亮的衣服对着镜子练习微笑,每天做适当的运动,每天至少进行一次演说。现在的她非常性感,也非常自信。

如果你觉得自己不够自信的话，就下定决心，朝着自己所希望的样子去努力。下面是美国参议员艾摩·汤姆斯对于他克服自卑心理的一次演说：

"我在16岁时常常陷入烦恼、恐惧和自卑之中不能自拔。我长得太高，与年龄极不相称，而且瘦得像根竹竿，身体很虚弱，根本无法和其他男孩一起在棒球场或田径场上一比高下。同学们常常开我的玩笑，喊我'瘦竹竿'，这更增添了我的忧愁和自卑，以至于不敢见人。

"事实上，我与他人见面的机会也很少，我家的农庄距离公路很远，四周被浓密的树林包围着，经常整个星期都见不到一个陌生人，整天相处的只是父亲、母亲、哥哥、姐姐。

"如果任凭这些烦恼和恐惧打击，也许我终生都会成为一个废人。想起当时的情形，我就觉得后怕，每一天、每一小时，我都在为自己高瘦而虚弱的身体发愁，脑海里充满了各种奇怪的想法，以至于无法容纳其他任何事情。母亲曾当过教师，她能够了解我的感受。她对我说：'儿子，你应该接受高等教育。如果身体不行，还可以靠自己的头脑为生。'

"但是，父母却没有能力供我上大学，我必须依靠自己的努力奋斗去赚钱。一年一度的冬天来临了，我开始试着去野外打猎，捕捉臭鼬、貂和浣熊。到了春天，我将兽皮卖掉，赚到了4美元。然后，我用这笔钱买了两只小猪。我精心饲养这两只小猪，在第二年秋天又将它们卖掉，赚了40美元。带着这些钱，我离开家考上了位于印第安纳州丹维市的中央师范学院。

"读书期间，我省吃俭用，每周的伙食费只有1元4角，房租只有5角，身上穿的则是母亲为我缝制的一件棕布衬衫。父亲给了我一套西装，但很不合身。鞋子也是父亲的，同样不合脚，一不小心甚至会从脚上掉下来，我觉得很难为情，以至于不敢和其他同学交往，常常独自坐在房里看书。当时我最大的愿望，就是能够购买商店里那些漂亮而且合身的衣服和鞋子，这样我就不会再感到羞耻。

"不久后发生的四件事帮助我克服了自己的忧虑和自卑感。其中有一件事给了我充分的勇气、希望和信心，并由此完全改变了我的生活。以下我将这几件事简单描述一下。

"第一件事：进入师范学院8周后，我参加了一项考试，获得一张'三等证明'，使我可以在乡下的公立学校教书。尽管这张证书为期只有6个月，但它意味着有人对我有信心，这是除母亲之外，第一次有人对我表示信心。

"第二件事：一所位于快乐谷的乡村学校聘请我去兼职，每天薪水2元，月薪40元。这更增强了我的信心。

"第三件事：在领取了第一份薪水后，我立即去商店购买了一些新衣服，穿上它们后我不再觉得羞耻。现在即使给我100万，也不及当初花几块钱买衣服那么令人兴奋。

"第四件事：这是我生命中一个真正的转折点——我克服忧愁和自卑取得的第一次最大胜利。那是在印第安纳州班桥镇举办的一年一度的普特南郡博览会上，母亲鼓励我参加一项公开演说比赛。对我而言，这个想法简直是异想天开，我甚至没有勇气面对一个人，更何况是面对一大群观众。但母亲对我有足够的信心，对我的前途也有很大的希望——她是为自己的儿子而活的。

"母亲的信心给了我很大的动力，我参加了比赛，我选择的演讲题目是《美国的自由艺术》。坦率地说，刚开始准备讲稿时我甚至都不知道什么叫自由艺术，不过这无所谓，因为我的听众们也不懂。我将那篇文辞绚烂的演讲稿背了下来，对着树木和牛练习了不下一百遍。我想在母亲面前好好表现一番，演说时表达得情感十分充沛和动人。

"面对听众一片欢呼声，我呆住了，我赢得了第一名。那些曾经讥笑过我，称我为'瘦竹竿'的男孩们，现在拍着我的背说：'艾摩，我早知道你行。'母亲搂着我，兴奋得哭了起来。这场比赛的获胜是我生命中的一个重要转折点。当地报纸在头版对我进行报道,并预言我前途无限,我在当地名声大振,成为家喻户晓的人物。当然更重要的是,它使我增添了对生活和事业的信心。

"现在我懂得,如果我没有在那次比赛中获胜,我恐怕永远也无法进入美国参议院。这件事使我大开眼界,它既扩大了我的视野,也发掘了我自己不敢相信的潜力。而演讲比赛的奖品——中央师范学院一年的奖学金,对我则更有现实意义。

"当时我是多么渴望能多学点知识啊!从1896年到1900年,我将自己的时间分为教学和学习两大部分。为了支付迪保大学的费用,我曾经当过餐馆侍者、锅炉工、修草坪工、记账员,暑假还到乡下帮助收获麦子和玉米以及到公路工程中挑石头。

"1896年,在我19岁时,我已经发表过28场演讲,呼吁人们投票选举布莱恩为总统。助选时的新鲜和兴奋感激发了我步入政治圈的兴趣。为此,在进入迪保大学之后,我选修了法律和公开演说两门课程。1899年,我代表学校参加了与巴特勒学院之间的辩论赛。比赛在印第安纳波利斯市举行,题目为《美国参议员是否应由大众选举》,在这场演讲比赛中我又一次获胜,并成为班刊和校刊的总编辑。

"从迪保大学获得学士学位之后,我接受赫瑞思·葛瑞的建议,来到一个新的城市——俄克拉荷马,并且在印第安人的保留地公开放领后，申请了一块土地，同时还在俄克拉荷马的罗顿市开设了一家法律事务所。此后，我在州参议院服务了13年，在州下议院服务了4年。

"我在50岁那年，终于达成了自己一生最大的愿望，从俄克拉荷马入选美国参议院。从1927年3月4日起，我服务于该职至今。自俄克拉荷马和印第安区合并为俄克拉荷马州之后，我一直以自由党的名义提名，先是州参议院，然后是州议会，最后便是美国参议院。

"我在这里述说这些往事，并不是炫耀自己的成就，只是希望能为一些正在为烦恼和自卑所累的可怜的年轻人灌输一些勇气和自信心。想当初，我穿着父亲的旧衣服和那双几乎要脱落的大鞋子时，那种烦恼、羞怯、自卑几乎毁了我。"

如果你觉得自己的自卑是由肥胖引发的，那就努力减肥，管住嘴、迈开腿，直到达到你满意的样子；如果你觉得是因为自己没有别人那么漂亮，那就练习化妆，精致的妆容会让你获得自信；如果你觉得自己不够有气质，那就多读书，多运动，那样会使你看起来精神饱满且有涵养……

世界上没有真正完美的人，如果你觉得自己身上的缺陷成为困扰你的因素，那就想办法让它变成你所希望的样子。

努力做一个明媚的女子

我在写作本书期间曾前往芝加哥大学向罗勃·罗吉斯校长请教如何获得快乐。他说:"一直以来,我都努力遵照一个小的忠告去做,这是已故的西尔斯公司董事长罗森告诉我的。他说:'如果有个柠檬,就做柠檬水。'"

这是一名伟大教育家的做法,而愚蠢之人的做法则恰恰相反。如果愚蠢的人发现命运只给他一个柠檬,他就会灰心丧气地说:"命运对我如此不公。我已经毫无机会了。"然后就开始拼命地诅咒这个世界,让自己沉溺于自怨自艾中。而聪明人拿到一个柠檬时,他会想:"从这些不幸中,我能够学会些什么?如何改善自己目前的处境?怎样把这个柠檬做成一杯柠檬水呢?"

伟大的心理学家阿尔佛雷德·安德尔在花费毕生精力研究人类行为和人类潜能之后说:"人类最奇妙的特性之一,就是

'变负为正的力量'。"

下面是一个既有情趣又有意义的故事。故事的女主人公与我相识，名叫瑟玛·汤普森。她向我讲述了自己的经历：

"战争期间，我丈夫驻守在加州莫嘉佛沙漠附近的陆军训练营里。为了能与他在一起，我也搬到那里去了。我讨厌那里，甚至可以说是深恶痛绝。丈夫经常外出，留下我一个人住在一间破屋里，我更加陷入从未有过的孤独和苦恼中。沙漠的天气令人无法忍受，即使是在巨大的仙人掌的阴影下，温度也非常高。除了墨西哥人和印第安人，几乎找不到可以交谈的人，他们不会讲英语。

"那里整天都刮风，到处都是沙子！沙子！沙子！有一段时间，我的生活因为痛苦变得一塌糊涂，因此我写信给父母，告诉他们我已无法承受了，我要回家，一分钟也不想待下去了。父亲的回信只有两行字，这两行字深深印在我的脑海里，并且使我的生命发生了重大的改变。这两行字就是：'两个人从监狱的铁栏里往外看——一个看见烂泥，另一个看见星星。'

"我把这两行字反复念了无数遍，内心充满愧疚。我暗下决心，要学会发现身边美好的事物——我要去看那些星星。于是，我与当地的人交上了朋友，他们的热情与友好让我十分惊奇。当我对他们编织的布匹和制作的陶器表示出一点点兴趣时，他们就毫不犹豫地将自己最喜欢的东西送给了我,那些东西都是观光客高价购买他们都不肯卖的。

"我认真欣赏仙人掌和丝兰令人着迷的神态;我了解了许多有关土拨鼠的事情;我踏着沙漠日落的余晖去寻找贝壳,因为我听说300万年前这片沙漠曾经是沧海。使我产生了如此惊人变化的究竟是什么呢?莫嘉佛沙漠以及印第安人都没有改变,而是我变了——改变了自己的心态。

"在这种心态下,我将以前那些令自己颓丧的境遇变成了生命中最富有刺激性的冒险活动。这个崭新的世界令我为之感动和兴奋。为此,我写了一部名为《光明的城垒》的小说……我从自己的监牢向外望,看到了星星。"

瑟玛·汤普森不仅看到了星星,而且找到了一项真理:"最好的都是最难得到的。"

20世纪,哈瑞·艾默生·福斯狄克对这句话进行了阐释:"快乐更重要的是胜利,而不是享受。"的确如此,这种胜利来自一种成就感,一种得意,也来自我们能把柠檬做成柠檬水。

如果我们觉得自己根本无法将柠檬做成柠檬水,那么请试一试以下两点,它将告诉我们只赚不赔的理由。

一、我们可能获得成功;

二、即使我们没有取得成功,仅仅抱着化负为正的愿望,也会使我们向前看而不是向后看。因为用积极的心态来替代消极的心态，能激发人的创造性，能让我们无暇也没有兴趣去忧虑已经过去的事。

世界著名小提琴演奏家欧利·布尔曾在巴黎举办了一场音乐会。演奏过程中，小提琴的 A 弦突然断掉了，但他依然用另外三根弦拉完了曲子。哈瑞·爱默生·福斯狄克说："生活也是这样，如果你的 A 弦断了，就用其他三根弦将曲子演奏完。"

它不仅仅是生活，它比生活更有意义——它是一次生命的胜利。

"生命中最重要的不是将自己的收入算做资本，任何人都会这样做。真正重要的事是要从你的损失里去获利。这需要用聪明才智才能做到，而这也正是智者和蠢材之间的区别。"如果我能做到，我一定会将威廉·波里索的这句话刻在铜版上，挂在每所学校的墙上。

能让自己心静和快乐的一条原则是：当命运交给我们一个柠檬时，让我们试着把它做成柠檬水。

TWO

不要为爱屏蔽朋友圈

生活中不可能只有爱情,
只有爱情的人生是不完整的人生。
除了爱情你还需要亲情、友情……

尝试去爱最本真的自己

心灵的成熟是一个过程，这需要我们持续不断地发掘自我。如果我们不了解自己，那更无从了解别人。智慧的起始就是"了解自己"。正如苏格拉底所说的，"你是世界上唯一的你"。

成为一个完美的人，这个想法本身就是荒唐的，你应该做的，就是保持本色，做最本真的自己，然后试着爱上这个最本真的自己。试想一下，如果你都不喜欢自己，还有谁会喜欢你？如果你连自己都不喜欢，那你还会喜欢谁？

如果你想受到别人欢迎，想拥有很多朋友，想从中间获得最真挚的友谊，那么，就试着做最真实的自己，让他们看到最真诚的你，那么他们也会向你展示他们最真实的一面。

伊迪丝·阿雷德太太从北卡罗来纳州艾尔山给我寄来一封信，信上说：

"一直以来，我身体就很胖，脸看起来更胖。我母亲是一个很古板的人，她认为没有必要穿漂亮的衣服，总是唠叨着'宽衣好穿，窄衣易破'的话，她也是按这句话来为我添置衣物的。因此我很少参加宴会，也很少开心过。

"上学了，我不跟其他孩子一起参加室外活动，也不喜欢上体育课。我感到害羞，觉得自己跟其他孩子不一样，不受人欢迎。长大后我嫁了个年纪比我大的丈夫，我并没有为此改变很多。

"丈夫和婆婆家人都很和善，充满自信心，正是我希望的那种人。我尽量让自己跟大家融为一体，可却办不到。为了使我开朗，他们也积极努力，可结果是我更加退缩到自己的世界里去。我变得更紧张，开始回避我所有的朋友，甚至听到门铃声我就害怕。

"我知道这样的人生很失败，也很害怕丈夫看见这一点。所以在公共场合，我都会假装很开心，结果反而很不得体。我为此常后悔不已，甚至觉得生活没了意义，一度想过要自杀。"

什么改变了这个痛苦着的女人呢？只是一句很随意的话。

她写道："改变我人生的正是一句随口而出的话。一天，我婆婆谈到自己教育孩子的问题。她说：'无论怎样，我都让他们保持自己的本色。'就是'保持本色'这四个字，刹那间让我发现，我如此苦恼的问题就是，试图让自己适应一个并不适合自己的模式。

"我的人生改变来自这句话。我决定恢复自我，我研究自己的个性，发现自己的特色和优点，还研究了色彩和服饰的搭配问题，我按适合自己的方式穿衣，主动结交朋友，还参加了社团组织，尽管是一个很小的社团。第一次参加社团活动时我很担心，但每发言一次，我就增加一份信心。

"虽然用了很长时间才找回了自我，但我很开心，这些开心是以前我想都不敢想的。后来我教育自己的孩子时，我就将自己的经历及经验告诉他们：无论怎样，你们都要活出自我。"

詹姆斯·季尔基博士说："怎样保持本色，这个话题跟历史一样古老，但也像人生一样普遍。"不能保持本色的原因很多，包括精神上的、心理上的等等潜在的因素。

快速让人产生好感

我有一次在纽约一个邮局排队,准备邮寄一封挂号信。我注意到那位负责挂号信的邮局员工对他的工作表现得很不耐烦——称信、取邮票、找零钱、开收据……这样年复一年、日复一日地做着这种单调而重复的工作。

于是我暗暗对自己说:"我一定要让这个人喜欢我。显然,要让他喜欢我,我必须和他说些让他感兴趣的话。不是关于我的,而是有关他的。"于是,我又问自己:"他是不是有值得我赞美的地方呢?"

很多时候,这样的问题不是那么容易回答,尤其当你面对一个陌生人时。不过这次非常凑巧的是我很快在他身上发现了值得我赞美的地方。

就在他给我称信时,我热情地对他说:"我可真希望自己也能有您这样一头好头发。"他有些惊讶地抬起头来看着我,脸上露出了发自内心的微笑。"但是现在没以前好了。"他很谦虚地说。

我真诚地对他说："虽然它比以前稍减光泽,但仍然还是那样好。我太羡慕您有一头这样好的头发了。"

他听后显得格外高兴,于是我们愉快地谈了起来。最后,他对我说:"有许多人曾说过我的头发好看。"

我敢打赌,他那天吃午饭时,绝对非常高兴;那天晚上他回家后,一定会欣喜地把这件事告诉他的妻子;他甚至会对着镜子夸赞自己:"我的头发确实很漂亮。"

一次,我在某个公共场所讲到了这件事。一个人问我:"那你从他那里获得了什么?"是的,我要从他那里获得什么?我从他那里又得到了什么?

如果我们是这么自私,一心只想着得到别人的回报,那我们就无法给人任何快乐,不会给人一点儿真诚的赞美。如果我们的气度如此之小,那我们只会收获失败与沮丧,而不会有任何的成功和幸福。

没错,我确实是想从他那里得到某些东西,要得到某些难以用金钱来衡量其价值的东西,而我也确确实实得到了!你看,我赞美了他,让他得到了美好幸福的感觉,可是他对我却难以回报——这种感觉可是无价之宝。在这件事情过去很久以后,你仍会在记忆中想起它，得到一种美妙的体验。

在人类行为中，如果我们遵守一条至为重要的法则，就会给自己带来快乐；如果你违反了它，就会陷入无尽的挫折中。这条法则就是："永远尊重别人，使对方获得自我成就感。"

这正如杜威教授所说的："自重是人类天性中最强烈的冲动和欲望"；也正如詹姆森教授所说的："在人类天性中，最深层的欲望就是渴望得到别人的重视。"我也曾一再强调，这种冲动正是我们区别于动物的特征，正是这股力量促使人类创造了文明。

古往今来，哲学家们一直在思考人类关系的准则，终于悟出一种观念。这种观念并非什么新的发明，其实早在3000多年前的波斯、2000多年前的中国，以及印度和耶路撒冷等地，先哲们就在传播这种观念，这就是中国先哲孔子所说的"己所不欲，勿施于人；己所欲者，亦施于人"。

你希望周围的人喜欢你、自己的观点被人采纳、自己能得到别人的重视；你不愿听到卑贱的谄媚，但渴求得到真诚的赞美。你希望你的朋友和同事都能像史考伯所说的那样，"诚于嘉许，宽于称道"……人人都希望如此。

既然如此，那么就让自己先遵守这条法则：你希望别人怎样对待你，就应该先怎样去对待别人。

你将采取什么方式、在什么时候、在什么地方去做呢？答案是：随时随地实践，这样它就会给你带来神奇的功效。

比如我们进餐馆，要了一份法式炸薯条，而女服务员却端给我们一盘薯泥。这时我们不妨说："对不起，给你添麻烦了。但我更喜欢法式炸薯条。"女服务员会说："不用客气，一点也不麻烦。"由于我们对她表示了尊重，因此她会很高兴地给我们换炸薯条。

"对不起""给你添麻烦了""让你多费心""请你……""能不能……""谢谢"这些看似普通的礼貌短语，就像是每天单调生活中的润滑剂，会给我们的生活平添几分色彩，促进我们的人际关系。而这同时也是你我优良品质的体现。

下面我要讲一下我班上那些从事商业的学员实行这些法则而获得成功的故事。

首先，我来讲一位康涅狄格州律师的故事。由于他亲属方面的原因，他不愿意让别人知道他的真名实姓，因此我们暂且叫他 R 先生吧。

R 先生来我班上接受培训之后不久，就同妻子一起驾车去长岛，看望她的几家亲戚。他妻子要求他留下来，陪同她孤独年迈的姑妈聊天，而她则去看望另外的几家亲戚。由于 R 先生要在班上作一次关于如何运用赞美法则的演讲，于是他打算从这位老太太这里开始训练自己在这方面的才能。

R先生在老太太的房子四周仔细观察了一番，希望能找到一些他可以真诚赞美的东西。他问老太太："您这栋房子是建于1890年前后，对吗？"

"是的，"老太太回答说，"正是建于那一年。"

"它使我回想起我出生的老家的房子。"R先生说，"它真是棒极了，既漂亮，又宽敞！您知道，人们现在再也不建这种房子了。"

"一点没错，年轻人！"老太太也表示有同感，她说，"现在的那些年轻人可不怎么在乎漂亮的房子。他们所想要的，不过是一小套公寓和一个电冰箱，然后无忧无虑地开着汽车，到处去兜风闲逛。"

"这是一所凝聚了理想和希望的房子。"老太太的声音有些颤抖，陷入了回忆当中。她充满柔情地说："这房子是我和我丈夫爱情的结晶。我丈夫和我在建这栋房子之前，设计构思了许多年。我们并没有请建筑师，它完全是我们按照我们自己的设计建造而成的。"

接着，老太太领着R先生参观了这所老房子。房子里放满了老太太在世界各地旅行时搜集到的纪念品：波斯披肩、英国老茶具、威格瓷器、法式寝具、意大利油画，以及曾风靡于法国封建王朝时期的专用于古堡装饰的丝帷。她对这些东西像对待自己的生命一样珍惜。对此，R先生发出了真诚的赞美。

R先生说："老太太领我参观完房子以后，又把我带到车库去。那里放着一辆几乎是全新的别克高级汽车。"

"我丈夫在去世前不久，给我买下了这辆车。他离我而去之后，我再也没有用过它……年轻人，你很会欣赏美丽的东西，我决定把这辆车送给你。"老太太慢声细语地说。

"哦，不！姑妈！"R先生说，"这我可有些不知该怎样说好了。对于您这番盛情，我自然是受宠若惊，感激不尽。可是我怎么能接受您如此贵重的东西呢？我不是您的直系亲属，而且我自己也有一辆汽车。再说了，大概您的许多亲戚也很喜欢这辆漂亮的别克车。"

"亲戚？！"老太太的情绪突然有些激动起来，她大声说道，"是的，我确实有亲戚。可是他们都正等着我死呢，这样他们就可以顺其自然地得到我这辆汽车了。但他们谁也别想得到它。"

"如果您不愿将它送给您的亲戚，那您不妨把它卖给旧车专营公司。"R先生说。

"卖掉它？！"老太太激动地说，"你认为我会卖掉它吗？你以为我愿意让那些和我素不相识的陌生人坐在我丈夫给我买的车中，到处跑来跑去吗？年轻人，我说什么都不会卖的。我只想把它送给你，因为你是个懂得欣赏美好事物的人。"

虽然 R 先生尽力婉言拒绝接受老太太的汽车，然而他最后不得不收下它，因为他一再地拒绝只会使老太太更加激动和伤心。

这位老太太孤身一人住在这栋空荡荡的老房子里，她所拥有的只是她的波斯披肩、各种英国或法国纪念品，以及她的回忆。在这种孤寂无聊的生活中，她所渴望的正是像 R 先生这样的赞美和欣赏。她也曾经年轻美丽，拥有许许多多的追求者。

她曾经和她的丈夫共同设计建造了这所房子，这里面有他们永恒的、温馨的爱情，他们还从欧洲各国搜集到各种珍品来装饰这个爱情的巢窝。可是如今，流逝的岁月使她变老了，在这年老孤寂的环境中，她渴望得到一点人性的温暖，得到一点真诚的赞美——但没有人给她所需要的东西。

现在 R 先生给了她所希望的这些东西，她的心犹如久旱逢甘霖的大地一样，充满了感激，她体会到了久别的情怀。一旦她得到她所渴望的东西，那么就算是将那辆别克车送给 R 先生，恐怕也不能完全表达她对他的感激之情。

我们应该如何运用这种赞美他人的黄金法则呢？为什么不

从我们身边开始呢？你的父母、爱人、孩子，或是你的朋友，他们肯定都会有属于自己的优点，你要善于去发现，并给予真诚的赞美。

与人交往，耐心倾听

最近，我应邀参加了一个桥牌聚会。而我并不会打桥牌，恰好有一位参会的美丽女士也不会打。我们就坐下来聊天。她知道我在汤姆森先生从事无线电这个行业之前，曾经担任过汤姆森的私人助理。当时，汤姆森到欧洲各地去旅行，由我来替他做即将播出的生动的旅行演讲。她说："啊！卡耐基先生，我想请您告诉我所有您到过的地方及所见过的奇景。"

当我们在沙发上坐下时，她说她同她丈夫最近刚从非洲旅行回来。我说："非洲，这可是一个非常有趣的地方！我总想去看看非洲，但我除了在阿尔及利亚待过24小时外，其他任何地方都没有去过。告诉我，你是否到过野兽出没的乡村？是吗？多么幸运啊！我可真是太羡慕你了！请你给我讲讲关于非洲的情形吧！"

结果，那次谈话持续了45分钟。那位女士不再问我到过什么地方，也不再问我看见过什么东西了。其实，她并不是真的想听我谈论我的旅行，她所想要的不过是一个专注的倾听者，她可以借此机会来讲她所到过的地方，以增加她的自豪感。

成功的商业会谈有什么秘诀呢？根据非常务实的学者伊利亚的观点，那就是"成功的商业交往，并没有什么神秘的秘诀，专心致志地倾听正在和你讲话的人，这才是最为重要的。没有别的东西会比这更让人开心的"。

如果你希望自己成为一个善于谈话的人，首先就要做一个善于倾听他人说话的人。如果你希望获得真诚的友谊，你更要学会倾听。这正如李夫人所说的："如果你要想使别人对你感兴趣，那么首先就要对别人感兴趣。"其实，要做到这一点并不难，你不妨多问一些别人喜欢回答的问题，鼓励他们谈论自己以及他们所取得的成就。

请千万不要忘记，那个正在与你谈话的人，对他自己、他的需要、他的问题，比对你及你的问题要感兴趣100倍。就好比，他对自己脖子上一点儿小痣的在意要远远超过对非洲40次地震的关注。

因此，在你下次开始谈话时，就试用这一点。如果你要使别人喜欢你，请记住：做一个善于倾听的人，鼓励别人谈论他们自己。

了解并满足他的需求

在这个世界上仅有一种方法可以让任何人去做任何事,你知道这种方法是什么吗?这种方法就是让做事者心甘情愿地去做那件事。

请记住,除此之外别无他法。

当然,你可以用手枪抵住他的腰,令其不得不把他的表给你;你可以用解雇与威胁来使一名员工跟你合作;你可以用鞭打或恫吓的手段使一个小孩子帮你做事。但这些粗鲁的方式,所带来的都将是极为不良的反应。

而我能够告诉你的是唯一能够促使别人毫无怨言地去做任何事的方法,那就是满足他们的需要。

那么,人都有哪些需要呢?

20世纪最卓越的心理学家之一维也纳的弗洛伊德说:"我们做任何事,都是出自两个需要:性的渴望和做伟人的欲望。"

美国最有深度的哲学家约翰·杜威教授，他的观点略有不同。杜威博士说，人类天性中最深切的冲动是"做重要人物的欲望"。

那么你所需要的是什么呢？也许并不是很多，大概只是以下几样是你所希望的东西，你不断地渴望能够享有它们。几乎每个正常的成年人都需要的是：

一、身体健康和生命延续；

二、生存所必需的食物；

三、睡眠；

四、金钱及能买得到的东西；

五、长寿；

六、性的满足；

七、天伦之乐；

八、做重要人物的感觉。

莱恩哈特夫人也曾告诉过我，一位聪明活泼的少妇为了获得显要感突然装起病来。莱恩哈特说："总有一天，这个人将不得不面对这一现实，那就是随着年龄的增长，她将逐渐衰老，而且永远都不会结婚。她的未来将是一片荒凉和寂寞，她已经没什么希望了。

"整整10年，她就那样一直躺在她的床上，由她那年迈的母亲在楼梯上艰难地爬上爬下,端茶倒水地服侍她。终于有一天,这位年迈可怜的老母亲积劳成疾,离开了人世。这个装病的女人伤心了几个星期之后,不得不爬起来,穿上衣服,重新开始生活。"

人为什么会如此癫狂呢?

恐怕没有人能够回答这样笼统的问题。不过,我们知道有些病,例如梅毒,会摧残破坏脑细胞,从而造成癫狂。其实,大约有一半的精神病是由于生理原因而造成的,如脑部受损伤、醉酒、中毒,以及躯体受到创伤。但另外一半患上癫狂病的人在脑细胞等机体上并没有明显的毛病。对这些人死后所进行的尸检中,即使用最高倍的显微镜检查他们的脑部神经,也很难查出什么问题,他们的脑部神经和我们的一样健全。这是令人惶恐不安的。

那么,为什么这些人会癫狂呢?

最近我带着这个问题去向一所疯人院的首席医师请教。他对疯狂这方面的知识很有研究,得过最高的荣誉以及最了不得的奖章。他坦白地告诉我,他也不知道为什么这些人会发疯,没有人确切地知道。不过他倒是说,许多发疯的人在疯人院中找到了他们在现实世界难以获得的重要人物感觉。

"我们这里有一位病人,她的婚姻很不幸。她要的是爱、性的满足、子女和社会上的地位，但生活毁灭了她对所有这一切的希望。她的丈夫不爱她。他甚至拒绝跟她同桌吃饭，并强迫她把饭菜端到楼上他的房间里给他吃。而且她没有子女，也没有社会地位，因此，她发疯了。

"而在她的想象中，她跟她的丈夫已离婚，恢复了她原来的姓氏。她现在相信自己已嫁给一名英国贵族，坚持让别人称她为史密斯夫人。至于子女，每天她都会幻想得到了一个新的婴儿。当我每次去看她时，她都会说：'医生，我昨晚上生了个孩子。'"

残酷的现实曾经使这个女人生活中所有美妙的梦幻变成泡影，然而在癫狂的状态中、在想象的那充满灿烂阳光的美丽海岛边，她实现了自己的梦想，她所有的希望之船都驶入港湾，任凭风吹雨打也不动摇。

你认为这很可悲吗？唉，我可不知道。不过她的医生对我说："就算我能治好她的癫狂症，我也不愿那样做。因为她现在过得很快乐。"

整体来说，那些精神失常的人比我们正常人要更快乐，甚至有许多人更愿意装疯而从中取乐。为什么他们不能这样呢？你看，通过这种方式，他们已经超越了现实世界。他们可以开给你一张100万美元的支票，或为你开一封去拜见亚加可汗的介绍信——总之，他们在自己创造的梦境中找到了那种渴望得到的成为重要人物的感觉。

试想，如果有人渴求显要感，甚至为此变成了疯子，那么我们在他还没有癫狂之前，给予他真诚的赞许，将会创造出什么奇迹呢？

用真诚与热情暖化他

为什么要通过阅读这本书,来知道该如何获得朋友呢?为什么不研究有史以来,世界上最伟大的结交朋友者的技巧呢?他又是谁呢?

当你明天走在街上很有可能就会碰到它。当你走到与它相距10英尺的地方时,它会开始摇尾巴。如果你停下来拍抚它,它就会在你的身边跳来跳去,让你知道它有多喜欢你。而且你知道它这种热情表现的后面,并没有隐藏其他的动机:它并不是要卖给你一块地产,也不是要跟你结婚。

你有没有想过,狗是不是唯一不需要为生活而工作的动物呢?母鸡需要下蛋,母牛需要产奶,金丝雀需要唱歌。而狗只需要给你友爱,就可以使它的生活有所依靠。

在我5岁时,我父亲用50美分给我买了一只小黄毛狗。我叫它蒂比,它是我童年时代的阳光和乐趣之源。它每天下午4

点半左右就会坐在前廊,用它那美丽的眼睛静静地注视着屋外,只要一听到我的声音,或看见我摇晃着饭盒穿过矮树林时,它就会像箭一般地飞奔过来,气喘吁吁地跑上小山,又跳又叫地来迎接我。

蒂比和我做了5年的好朋友。可是在一个悲惨的晚上,我永远也不会忘记的那个晚上,在离我仅有10英尺远的地方,它被电击死了。蒂比的死,对我的童年时代来说,是一个难以释怀的悲剧。

蒂比,你从来都没有读过心理学,你也不必去读。你可以通过你的直觉掌握这点。

如果一个人真心关怀别人的话,那么他在两个月内所结交的朋友,要比一个总想让别人关心他的人在两年内所交的朋友还要多。让我再重复一遍:你如果关心别人的话,在两个月内所交上的朋友,就会比一个需要别人关心他自己的人,在两年之内所交的朋友还要多。

不过你和我都知道,有些人就是一辈子都无法醒悟过来,总是想让别人对他们表示关心。

当然,这种方法是没有用的。因为他们并不对别人感兴趣。他们只关心自己——无论是在清晨、中午,还是在晚餐后。

纽约电话公司曾对电话中的谈话内容作了一项详细的研究,

以此来了解哪一个词最常在电话中被提到。我想你已经猜到了吧，那就是第一人称的"我"。在500次电话谈话中，这个词曾被用过3990次。

当你看到一张包括你在内的合影时，你会先看谁呢？

假如我们只是为了在别人面前表现自己，使别人对我们感兴趣的话，我们将永远不会有许多真挚而诚恳的朋友。真正的朋友不是以这种方式交来的。

已故的维也纳著名心理学家亚佛·亚德勒，在他所著作的《生活的意义》一书中写道："对别人不感兴趣的人，他一生中的困难最多，对别人的伤害也最大。所有人类的失败都出于这种人。"

或许你读过无数关于心理学方面的书，但是却再也找不到比这句话对你和我更重要的了。我并不喜欢重复，但阿德勒这句话意义实在太深远了，所以我希望重录于下：

"对别人不感兴趣的人，他一生中的困难最多，对别人的损害也最大。所有人类的失败都出于这种人。"

苏曼·海克夫人曾对我说，即使生活中充满了饥饿与伤心，即使生活中充满着如此多的不幸，使她有一次差点杀死她的孩子，也差点自杀，尽管如此，她还是坚持着唱了下去，最终使她的歌唱事业因技艺惊人而达到顶峰，直至成为最著名的瓦格纳作品演唱家。而她自己也承认，她成功的秘诀之一就是她对别人具有极大的热情。

通过个人的经验，我已经发现，如果一个人真诚关心他人，就能够获得即使是美国最忙的人的注意，获得注意、时间与合作。就让我举例说明吧。

多年以前，我在布鲁克林文理学院开设小说创作课。我们打算邀请一些知名且十分忙碌的作家，例如凯瑟琳·诺里斯、凡尼·赫斯德、伊达·塔贝尔、亚伯·德恩、卢伯·休斯等其他作家，到布鲁克林来把他们的写作经验告诉我们。我们给他们写信，述说了我们对他们作品的羡慕，深切地希望能获得他们的指导、忠告和学习他们成功的秘诀。

所有的这些信件都由大约150名学员亲笔签名。我们说，我们知道他们很忙，忙得没有时间准备演讲稿。因此，我们在信里面附上了一串关于他们自己和写作方法的问题，请他们回答。他们喜欢我们那样做，我们做得如此周到，谁会不喜欢呢？因此他们都特意从家里赶到布鲁克林，来助我们一臂之力。

我曾以同样的方法邀请到了西奥多·罗斯福总统任期内的财政部长李斯力·肖，塔夫脱总统任期内的司法部长乔治·威格尔沙、威廉·拜伦、富兰克林·罗斯福，以及其他许多大人物到我的演讲班来，跟学生们谈一谈。

任何人——无论是屠夫、糕点师，还是宝座上的君王，都会喜欢那些对他人表示尊重的人。就让我们以德国皇帝为例吧。在第一次世界大战结束时，他大概算得上世界上最受轻视的人，因为即使是德国本国的公民，都在他为了苟且偷生而打算逃亡荷兰时反对他，对他愤恨至极。

成千上万的人都希望把他手足撕裂，或钉在火刑柱上烧死他。在这民意之怒火难以抑制的时候，有一个小孩子给这位德国皇帝写了一封简单而诚恳的信，信中充满了仁爱和钦佩。这个小孩子说不管别人是怎样想的，他都永远希望敬爱的威廉做他们的皇帝。

他的信深深打动了德国皇帝，于是他邀请这位小朋友来看他。这个孩子来了，他母亲也来了——最后，德国皇帝娶了她。这个小孩根本就没有必要去读一本如何交友以及如何影响他人的书，因为在他的天性当中本来就具有这一切。

如果我们想要交朋友的话，我们就应该挺身而出，去为别人效劳——去做那些需要花时间、精力、诚心和思考的事。当温莎公爵爱德华还是英国王储的时候，他就安排好日程，计划着到南美去旅游。他在启程以前，花了好几个月的时间研究和学习西班牙语言，以便他能够用该地语言发表公开演讲。南美人也因此而喜欢他。

多年以来我一直都在打听朋友们的生日。怎样打听呢？虽然我一点也不相信星象学，但是我会先问对方，是否相信一个人的生辰跟一个人的个性和性情有关系，然后我再请他把他的生日告诉我。举例来说，如果他说11月24日的话，我就一直对自己重复地说，"11月24日，11月24日。"等他一转身，我就立即把他的姓名和生日记下来，事后再转记在一个生日本子上。

在每一年的年初，我就把这些生日标明在我的日历上，因此它们能够自动地引起我的注意。当某人生日时，就会收到我的信或电报。效果多么惊人！我常常是世界上唯一记得他们生日的人。

我们想要交朋友，就应该以高兴和热诚去对待别人，这样你将会获得最真挚的友谊。当别人打电话给你时，就利用同样的"心理战术"。你和他说话的声音要显示出你是多么高兴他打电话给你。

纽约电话公司开了一门课，训练他们的接线生说"请问您要拨几号"时，随口带出"早安，我很高兴为您服务"。我们以后接电话的时候，也应该记住这一点。

THREE

身为女性也应独立自强

生命就在生活里,
就在每一天和每一时刻里。
你所要做的,
就是时刻做最美好的自己。

不要活在"过去"与"未来"

于我们每个人而言,最重要的就是不要去看远方模糊不清的事,而要做手边真实清楚的事。

奥斯勒爵士曾对那些耶鲁大学的学生说:

"切断过去,埋葬已经逝去的过往,切断那些会把傻瓜引上死亡之路的昨天……明天的重担,加上昨天的重担,会成为今天的最大障碍,要把未来同过去一样紧紧地关在门外……未来就在于今天……没有明天这个东西。

"只有现在是人类得到救赎的日子,精力的消耗、精神的苦闷都会和一个对未来担忧的人如影随形……昨天与明天就如同船前后的两个隔舱一样,那么就请把船前后的大隔舱都关闭吧,准备养成一个良好的习惯,生活在'完全独立的今天'里。"

奥斯勒爵士的话是不是在告诉我们不应该为明天而下功夫做准备呢?不,绝对不是这样。他在那次演讲里补充道:"为明日做准备的最好方法就是要集中你所有的智慧与热情，努力把今天的工作做得尽善尽美，这就是应付未来的唯一方法。"

一定要为明天着想，这是毋庸置疑的，要小心地考虑、计划和准备，但不要担忧。

在战争年代，身为军队领袖的人必须为将来做计划，但他们绝对不能有任何焦虑。"我将我们最好的装备提供给最好的人手，"美国海军上将厄耐斯特·金恩说，"再交给他们似乎是最聪明的任务，我能做的事就是这些。"

"如果一只船沉了，"金恩上将继续说，"我无法把它捞上来，要是船继续向下沉，我也无能为力。我所能做的是把时间花在解决明天的问题上，这要比为昨天出现的状况后悔好多了，何况我如果是为这些事情忧心忡忡的话，那么我就无法一直坚持下来。"

无论是在战争年代还是在和平时期，好想法与坏想法之间的不同都在于：好想法考虑到原因和结果，而产生符合逻辑的、有建设性的计划；而坏想法通常会导致一个人紧张甚至是精神崩溃。

我非常荣幸的是能去访问亚瑟·苏兹伯格，他是世界上鼎鼎大名的《纽约时报》的发行人。苏兹伯格先生对我说，当第二次世界大战的战火烧过欧洲时，他非常吃惊，对未来非常担忧，寝食难安。

他时常在半夜爬下床来，望着镜子，拿着颜料和画布，想画一张自画像。尽管他对绘画一无所知，可他还是画着，就是为了让自己不再担忧。

苏兹伯格先生告诉我，是他用一首赞美诗里的一句话作为他的座右铭最终消除了他的忧虑，得到了平静。这句话是："只要一步就好。"

指引我，仁慈的灯光……
请你常在我脚旁，
我并不想看到远方的风景，
只要一步就好。

有个当兵的年轻人大概也是在这个时候同样学到了这一课，他的名字叫作泰德·班哲明诺，住在马里兰的巴铁摩尔城，他的忧虑到了几乎完全丧失斗志的程度。

泰德·班哲明诺写道："在1945年4月，由于忧愁，我患上了一种被医生称之为'结肠痉挛'的病，这种病非常折磨人，若是战争不在那时候结束的话，我想我整个人都会垮了。

"那时候，我整个人筋疲力尽。我在第94步兵师，担任士官，工作是建立和维持一份在作战中死伤和失踪者的名单记录，还要帮助发掘那些在激烈战斗中被打死的、被草草掩埋在坟墓里的士兵，我要收集那些人的私人物品，要确切地把那些东西送回重视这些私人物品的家人或是近亲手中。

"我为我是否能撑得过去而忧虑，我为是否还能活着回去把我独生子抱在怀里而忧虑——我从来没有见过的16个月的儿子。既忧虑又疲劳，这使得我足足瘦了34磅，持续的忧虑让我几乎发疯。我眼看自己的两只手变得皮包骨。

"我一想到自己瘦弱不堪地回家，就非常害怕，我崩溃了，哭得像个孩子，浑身发抖……曾有一段时间，也就是德军最后大反攻开始不久，我时常偷偷哭泣，使得我几乎放弃还能再成为正常人的希望。

"最后我不得不住进了医院，一位军医的一些忠告彻底改变了我的生活。在为我做完一次彻底的全身检查之后，他告诉我，我的问题完全是精神上的。

"'泰德，'他说，'我希望你把你的生活想象成一个沙漏，你知道在沙漏的上一半，有成千上万粒的沙子，它们都慢慢地且均匀地流过中间那条窄缝。除非弄坏沙漏，不然我们都无法让两粒以上的沙子同时通过那条窄缝。

"'包括你我在内的每一个人，都像这个沙漏。每天早上有很多的工作，让我们觉得我们一定得在那一天里完成。可是我们每次只能做一件事，让每件事慢慢而平均地通过这一天，像沙粒通过窄缝一样，否则就一定会损害到我们的身体或精神了。'

"当那位军官把这段话告诉我后，我就一直奉行着这种哲学。'一次只流过一粒沙……一次只做一件事。'这个忠告挽救了我的身心，对我目前在手艺印刷公司的公共关系及广告部中的工作，也提供了很大的帮助。

"我发现，在生意场上也会遇到像在战场上的问题，同时有好几件事情需要做，但却没有充足的时间。比如我们的材料不够了，我们有新的表格要处理，还要安排新的资料、地址的变更、分公司的增开和关闭等等。

"我不再忧虑不安，因为我记得那个军医告诉过我的话：'一次只流过一粒沙子，一次只做一件工作。'我一再对自己重复这两句话。这使得我的工作比以前更有效率，做起事来也不会再有那种在战场上几乎让我崩溃、迷惑和混乱的感觉。

"如今，最可怕的一件事情就是，现在医院里大概有一半以上的床位都是保留给神经或者精神上有问题的人的。他们都是被累积起来的昨天和令人担心的今天加起来的重担所压垮的病人。

"而在多数病人中，只要他们能奉行耶稣的话——不要为明天忧虑，或者是威廉·奥斯勒爵士的话——'生活在一个完全独立的今天'里，他们就都能走在街上，过上快乐而幸福的生活了。

"你和我，在此刻，都站在两个永恒的交会之点——已经永远消失的过去，无穷无尽的未来，我们都不可能生活在这两个永恒之中，甚至连一秒钟也不行。如果想那样做的话，我们就会毁了自己的身体和精神。因此，就让我们以能活在这一刻而感到满足吧。"

"从现在一直到我们睡觉，不论任务有多重，每个人都能支撑到夜晚的来临，"罗勃·史蒂文生写道，"不论工作有多苦，每个人都能做他那一天的工作，每个人都能很开心、很有耐心、很可爱、很纯洁地活到太阳下山，而这就是生命的真谛。"

你猜下面几行诗是谁写的：

这个人很开心，也只有他开心，
因为他能把今天看成是自己的一天；
他在今天能感到安宁，能够说：
"不管明天有多么糟糕，我已经度过了今天。"

这几句听着很现代的话其实是写在基督降生的 30 年前,其作者是古罗马诗人何瑞斯。

我想人类最可悲的事就是,我们所有人都不去在乎现有的生活,我们都梦想着天边那一座奇妙的玫瑰园,而不去欣赏今天就开放在窗口的玫瑰。

为什么我们会变成这种可怜的傻瓜呢?

"我们生命的短暂历程是如此的奇怪。"史蒂芬·李高克写道,"小孩子说:'等我是个大孩子的时候……'大孩子说:'等我长大成人后……'然后等他长大成人了,他又说:'等我结婚之后……'可是结婚了又能怎么样呢?他们的想法变成了'等到我退休之后……'

"然后,等到退休之后,回头看看所经历过的一切,似乎有一阵冷风吹过来——他们都错过了一切,而这一切又一去不复返了。我们总是无法早早学会这个道理:生命就在生活里,就在每一天和每一时刻里。"

将满腔热忱投入工作

曾经担任中央纽约铁路公司总裁的佛尼德利·威尔森先生，在一次广播访问中，是这样回答如何才能使事业成功的：

"我深切地感受到，人生的经验越丰富，就会越认真地投入事业，这个成功的秘诀常常被人忽略。就人的聪明才智而言，成功者和失败者之间的差别很小。如果两者的能力大体相当的话，那么积极投入工作的人，获得成功的可能性更大。如果一个缺乏实力但热诚工作的人，和一个有实力却不投入的人相比，前者所获得的成功往往胜过后者。

"什么是有热诚的人呢？就是认为自己的工作是一项天职，热爱工作，不论他的工作是挖土、经营大公司或者其他什么行业。对自己工作热诚投入的人，无论遇到多大的困难，多么残酷的磨炼，他会始终用一种从容的态度去完成。只要有这种不急不躁的态度，任何人都会达到他的目标。

"爱默生说得好：'没有热诚，是怎么也不能成功的。有史以来的任何一项伟大事业都是如此。'这不仅是一句简洁美丽的话语，还是成功的指南。"

如果看过本书之后，你只体会到对工作具有热诚才是重要的事，此外却没有其他收获的话，那也不要紧，因为单这一点，就足以引导你迈上成功之路了。

有许多女性都有着自己的工作，大家应该都知道，女性不仅仅是在生活中属于弱势群体，在工作中也不如男性受重视。即便是处在这样一个呼吁人人平等的社会，女性也总是会受到一些不公平待遇。

在一个公司中竞争领导岗位的两名员工，如果他们一位是男性，一位是女性的话，领导阶层一般会选择男性职员，因为他们觉得男性相对来说，精力更旺盛，做事更果敢。因此，属于弱势地位的女性，更应该将满腔热忱都投入工作之中，更加努力地展现自己的实力与能力。

对工作富有热诚，是一切希望成功的人都必须具备的条件——不论是艺术家、一个卖肥皂的人、图书馆的管理员，还是一个追求家庭幸福的人。

热诚（enthusiasm）这个词来源于希腊语，它的意思是"受到神的召唤"。以这种热诚对待工作的人，具有无穷的力量。

威廉·L.费尔是耶鲁大学最受欢迎的教授之一，他的那本《工作的兴奋》极富训示意味，其中写道：

"就我而言，教书高于一切其他的技术或职业，这就是热诚，如果有所谓热诚的话。我对教书的热爱，如同画家爱好绘画、歌唱家酷好歌唱、诗人醉心于写作一样。在每天起床的时候最重要的事情，就是自始至终对自己的工作抱有热诚的态度。"

所以，你必须培养这种工作习惯。也许你会问："怎样培养？"我会在后面的章节中告诉你具体的方法。在此之前，你必须对自己的工作有个清醒的认识，具有热诚的态度是非常重要的。

不论哪一位老板，都十分清楚雇员具有热诚态度的重要性，同时也知道这种人是很难得的。"我喜欢具有热诚精神的人，因为他的热诚，可以感染顾客也热诚起来，这样生意就会成功。"这话出自汽车大王亨利·福特之口。

查尔·华乐华斯是十分钱连锁商店的创办人，他也这样说："只有那些不热诚工作的人，才会处处碰壁。"查理斯·考伯也说过："对什么都热诚的人，做任何事都会成功的。"

当然啦，也不可以一概而论。如果一个人完全没有音乐禀赋，是不可能成为一位音乐大师的，不论他如何投入和刻苦努力。不过话也要说回来，凡具有相应的天分，同时又有切实的人生目标，并富有热诚的人，不论他从事什么工作都会有所收获，精神或物质都一样。

即便是需要高度专业技术的工作，也不可缺少这种热诚的态度。诺贝尔物理学奖获得者、雷达和无线电报发明的重要参与人亚皮尔顿·爱德华有一句发人深省的话，《时代》杂志曾经加以引用："我以为，如果一个人希望在科学上有所成就的话，热诚的态度比专业知识更为重要。"

如果这句话出自一个平民百姓之口，很可能被当作一句傻话，但它出自这种权威的人物之口，可就意味深长了。如果在高技术的科学研究工作中，热诚的态度如此重要，那么我们这些普通的职员岂不更加需要高度的热诚嘛！

法兰克·派特是著名的人寿保险推销员，他的一些话足以说明以上这一观点。他写的《我如何在推销上获得成功》一书，其销售量创下了有关推销的书籍的最高纪录。

下面是他在著作中列出的一些经验之谈：

"那是1907年，还在不久前，我刚转入职业棒球界，但却遭受到人生的最大打击——我被开除了。那支球队的经理，因为看我无精打采的样子，有意要开除我。他这样对我说：'你这样慢吞吞的，仿佛是一个在球场混了20年的老手。老实说吧，法兰克，出去之后，不论你再做什么事情，要是不打起精

神、热情投入的话，你这辈子就没有希望了！'

"离开那里之后，我参加了宾州的亚克兰斯克球队，月薪是25美元，可是我原先的月薪是175美元。这么少的薪水，我做起事来当然不会有热情，但是我决心试试看。大约过了10天，一位名叫丹尼·米亨的老队员，将我介绍到了柯莱几卡的新凡队。我至今对此尚有深刻的印象，因为到新凡队的第一天，我的人生开始一个新的契机。

"在那个地方，没有人了解我过去是个什么样子。我下定决心要成为新英格兰最具热诚的球员。为了实现这个目标，就必须采取一些行动。

"我只要一上球场，就仿佛浑身带了电似的，使足力气地投出高速球，接球人的双手都发麻。我还记得有一次，我异常勇猛地冲入三垒，当时都把那个三垒手吓呆了，球都忘了接，我也盗垒成功了。当时的气温高达华氏100度，我就这么在球场上奔跑，随时都可能中暑倒下。

"我这种疯狂的热诚带来令人吃惊的结果，因此产生了这样三个作用：一、它扫尽了我心中的恐惧感，从而发挥出了自己完全意想不到的水平。二、由于我做了榜样，全体队员都被带动起来。三、我并没有中暑。不论是在比赛中或比赛之后，我都体会到从未有过的健康。

"第二天早晨我打开报的时候,真是说不出的兴奋。上面这样写道:'那位新来的球员派特,简直就是一个霹雳球,正是由于他,全队一直兴奋到底。他们不但赢了比赛,而且这场比赛是本季度最精彩的。'

"正是由于积极投入,很快我的月薪增加了7倍,从25美元升为180美元。随后的两年,我担任了三垒手,薪水增加了30倍。这是为什么呢?没有别的原因,就是因为我有满腔的热诚。"

后来,由于手臂受伤,派特只得放弃他的棒球生涯。接下来,他成为飞特利人寿保险公司的一名保险推销员。但是,他在第一年的时间里成绩平平,于是陷入了苦恼之中。但后来,像当年打棒球那样,他努力使自己热衷起来。

如今,他是人寿保险界的巨星。不时有人请求他撰稿、演讲,讲述成功的经验。他说道:"我进入推销业已有30年了,我看见许多人,由于他们积极热诚的工作态度,使收入成倍地增加,也见到另外一些人,由于他们缺乏热诚的态度,因而处处碰壁。我深信成功推销的最重要因素,就是热诚的态度。"

热诚对人产生的效果是这么令人瞠目。那么,理所当然对于你也会有同样功效的。从以上的例证可以得出这样的结论:做任何事的必需条件,就是热诚的态度。这一点你务必使自己深信不疑。只要具备了这个条件，无论是谁，他的事业都将飞黄腾达。

鲍勃·克劳斯贝是乐队指挥，当他的儿子被问及其父亲和叔叔每天的生活情形时，他回答道："他们从来都在愉快地工作。"

"那你长大之后呢，有什么希望？"人们又好奇地问他。

"也愉快地工作。"年轻的小克劳斯贝不假思索地回答道。

对工作充满热诚的人，都是在愉快地工作。

假如你希望自己也富有成就，就应该从今天开始，建立起认真工作的观念，也就是明白热诚态度的重要意义，然后，努力奋斗。

微笑是打动人心的法宝

前不久,我在纽约参加了一个宴会。其中有一位参会的客人——她是一位曾获得高额遗产的女士,可能是急于给每个人留下好印象,便不惜花巨资买了名贵的貂皮、钻石、珍珠。

然而,她对自己的面孔却没有下过什么功夫。她的面部表情充满了尖酸刻薄以及自私。她并不知道人们心中对她真正的看法——那就是一个女人面部的神情,要远远比她身上所穿的衣服更重要。

如果你希望别人看到你时很愉悦,那么你一定要记住:当你看见别人的时候,你也一定要心情愉悦。

在这个世界上,每个人都在追求幸福——而获得幸福的一个可靠的方法就是控制你的思想。幸福并不取决于外界的因素,而是取决于你内在的思想。

决定你幸福与否的不在于你有什么,或你是谁,或你在什么地方，或你正在做什么，而是你怎么想。比如，两个人也许在同一个地方做同样的事，双方也许拥有等量的金钱和声望，但其中一个也许很难过，而另一个则很快乐。这是为什么呢？因为每个人的想法不同。

在酷热的热带地区，那些可怜的农奴用他们原始的农具耕作着，在他们身上我看到了许多快乐的脸孔。而这些快乐的脸孔却无异于我在纽约、芝加哥、洛杉矶有空调的办公室里所看到过的。

莎士比亚说："事无善恶，但思想却使其有所不同。"

林肯也曾说："多数人快乐的情形跟他们内心所想得到的快乐相差无几。"他说得没错。我最近看到能反映这条真理的一个生动的例子。

假如某个人独自在一间封闭的办公室里工作，不仅会感到寂寞，还会和公司其他人失去往来，失去和他们交朋友的机会。

在墨西哥的瓜达拉加拉市，西罗拉·玛丽亚就有这么一个工作。她一个人拥有一间办公室，当她听到其他同事的聊天声和欢笑声时，她非常羡慕他们之间的情谊。她上班的头一个星期，当她走进办公大厅经过大家时，她都不好意思和大家打招呼，而是害羞地掉过头去。

过了几个星期，她告诉自己："玛丽亚，你不能指望别人先和你打招呼，你应该先与别人打招呼。"于是，从此以后，当她出来倒冷饮时，脸上总是挂着灿烂的微笑，并会和她所遇到的每个人打招呼："嗨，你好！"

这样做的效果是显而易见的，别人回应给她的都是笑容和欢呼，就连平时看上去比较暗淡的过道好像也明亮了许多。玛丽亚的工作气氛发生了彻底的改变，同事之间的关系友善多了，人们彼此之间都会打招呼，有的人甚至成了玛丽亚的好朋友。玛丽亚也觉得她的工作和生活变得更加美好和有趣了。

在玛丽亚·皮克福正准备和费尔班克离婚时，我与她共度了一个下午。大概全世界的人此刻都会以为她那时必定会非常沮丧，闷闷不乐，但我觉得她是我这一辈子所遇见过的最安详和最镇静的人。她显得很愉悦。她的秘诀又何在呢？她在一本只有35页的小书中把这个奥秘揭露了出来，那也许是你喜欢读的一本书，你不妨到公共图书馆去借一本由她写的《为什么不试试上帝？》。

让我们认真咀嚼一下艾伯·赫巴德下面这段睿智的忠告吧——但不要忘记，除非你把它付诸实践，如果光是阅读对于你并没有明显的益处。

"每当你出门时，都应该把下巴缩进来，抬头挺胸，自信起来，沐浴在阳光中，以微笑来招呼你的朋友们，每一次握手都要有力。不要担心被误解，不要浪费宝贵的时间去想你的敌人。试着在心里肯定你所喜欢做的事情，然后，在清楚的方向之下，你会集中精力实现自己的目标。

"心里想着你喜欢做的伟大而美好的事情，然后，当岁月消逝，你会发现自己掌握了实现希望所需要的机会。正如珊瑚虫从潮水中汲取所需要的营养一样，在心中想象着那个你希望成为的有才华的、诚恳的、有作为的人，而你心中的思想，每一个小时都在改造着你，将你转化成你所希望的那种人……思想是至高无上的。

"保持一种正确的人生观，一种勇敢的、坦白的和愉快的态度。思想正确就等同于是创造。一切事物都来自希望，而每一个诚恳的祈祷，都会实现出来。我们心里想什么，就会变成什么。把下巴缩进来，把头部高高昂起。我们就是明天的上帝。"

古代的中国人就非常睿智——他们对世界上的事物都看得非常透彻，他们有一句格言，你我都应该剪下来把它贴在我们帽子里，它就是"和气生财"。

不管你是为人处事，还是做生意，你都应该认真感受一下弗兰克·弗莱奇为科林公司所设计的一幅广告，它为我们提供了实用哲学：

圣诞节的微笑

它没有消耗,却收获颇丰。

它让得到的人获益,

而施舍的人却毫无所失。

它产生在一刹那之间,

但却给人永恒的记忆。

没有人会富得不需要它,

也没有人处于穷困而不因它富起来。

它给家庭带来了欢乐,

在商业界建立了好感,

也是朋友间的亲热问候。

它是疲倦者的休息,

沮丧者的曙光,

悲伤者的太阳,

也是大自然的良药。

然而它却无处可买,

求不来,借不到,偷不着,

因为在你将它给别人之前,

它对谁都没有任何价值。

而如果在圣诞节最后一分钟的忙碌采购中,

我们的售货员也许因太疲倦而不能给你微笑时,
我们能请你留下一个微笑吗?
那是因为,不能给予微笑的人更需要微笑。

所以,你想要别人喜欢你,就应该记住这个道理,那就是要微笑。

争取"今天"的快乐

我几年前曾经在一家广播电台参加过一个节目,他们提出这样一个问题:"你学过的最重要的课程是什么?"

这对我来说很容易回答,我的答案是:思想的重要性。别人如果能知道你在思考什么,就可以了解你的为人。个人的特性从某种意义上说都是由思想决定的。人的命运也完全取决于思想状态。

爱默生曾说:"人就是自己整天所想的那些……"既然这样,除此之外,人怎么可能成为其他的样子呢?现在,我可以十分确切地了解到人们必须面对的最大问题,也是从某种意义上说几乎是必须面对的唯一问题:怎样选择正确的思想。

如果能做到这一点,也就可以解决所有问题了。曾经统治古罗马帝国的伟大哲学家阿流士将它总结成一句话——一句决定命运的话:"生活是由思想决定的。"

的确如此，如果我们整天沉浸在快乐之中，头脑中都是快乐的事情，我们就能找到快乐；如果我们头脑中都是悲伤的事情，我们就会悲伤；如果我们想象一些可怕的事情会发生，我们就会满怀恐惧；如果我们所想的念头都是邪恶的，我们就会心神不安；如果我们害怕失败，结果就会失败；如果我们顾影自怜，人们就会像躲避瘟疫一样离我们远远的。

这种说法并不是指心理暗示，也不意味着我们对于所有的困难，都应该用乐天的态度去对待。不是！生命绝对不会如此简单。

我的目的在于鼓励大家以正面积极的而不是反面消极的态度去面对生活。换言之，我们必须关注自身的种种问题，但不能仅仅停留在忧虑上。关注和忧虑之间的区别在哪里呢？且让我表达得更明白些。

我每次通过纽约市中心遇到交通堵塞时都会注意到自己的处境，但是我并不会因此而忧虑。关注的意思是要了解问题的关键所在，然后让心静下来，理智地采取行动加以解决。而忧虑却是在一个狭小的圈子里打转，使自己变得疯狂。

人的精神状况对自身的肌体有着令人难以置信的作用力。英国著名心理学家哈德菲在那本虽然只有54页但内容非凡的小书《力量心理学》里对此有杰出的论述。他在书中写道："我请来三个人，来测试心理对生理的影响，以握力计来测量。"

他要求那三个人在不同的情况下，用尽全力抓紧握力计。

一般情形下，他们的平均握力是 101 磅。第二项实验则是对他们进行催眠，并给他们传达这样一个信息：他们非常虚弱。实验的结果是，他们的握力只有 29 磅——不到正常力量的三分之一。

然后，哈德菲又让同样一批人做了第三项实验，即在催眠之后，告诉他们说他们十分强壮，结果他们的平均握力达到了 142 磅。也就是说，当人们在潜意识里肯定了自己的力量后，其力量增加了。

这就是我们难以置信的心理力量。

为了进一步证明思想的巨大魔力，我想再告诉大家一件发生在美国内战期间的最奇特的故事。这个故事完全可以写成一大本书，在此我们只能长话短说。

很多人都知道玛丽·贝克·艾迪是基督教信仰疗法的创始人，但是在最初的时候，她却认为生命中只有疾病、痛苦和不幸。她的第一任丈夫在他们婚后不久就去世了，第二任丈夫抛弃了她，和一名已婚女人私奔，虽然他最后流落到一个贫民收容所里死去。

她生有一个男孩，但因为贫困和疾病，不得不在孩子 4 岁那年把他送给了别人，而且从此之后下落不明，以至于长达 31

年都无法再见到他。由于她的健康状况很差,因此一开始她就对"信心治疗法"表现出浓厚的兴趣。但是,她生命中具有戏剧色彩的重大转折却是发生在麻省理安市的一个很冷的日子里。

那天,她走在结冰的街道上,路面太滑,她突然摔倒并昏死过去。由于脊椎受到了严重的损伤,她不停地痉挛,连医生也认为她活不了太久。他们说:"即使出现奇迹,她能留下一条命的话,也绝对无法走路了。"

艾迪躺在一张仿佛在等待死亡的病床上,她打开了《圣经》,读到了马太福音里的一句话:"有人用担架抬着两个瘫子到耶稣面前,耶稣对瘫子说:放心吧,你的罪被赦免了……起来,拿着你的褥子回家去吧。那人就站起来,然后走回家去了。"后来她回忆说,《圣经》中的这几句话使她产生了一种力量,一种信仰,一种能够医治她生理疾病的信仰的力量,使她"立刻下了床,开始行走"。

艾迪说:"这种经验如同引发牛顿灵感的那只苹果一样,使我发现自己是可以好起来的,也意识到如何能使别人也做到这些……现在,我可以充满信心地对别人说:一切根源都在你的思想里,一切影响力都是一种心理现象。"

看到这里,或许你会产生这样的疑问:"这家伙是不是在替基督教信心治疗法做宣传?"不!你错了!我并不是这个教派的信徒,完全没有传教的意思。但是,我活得越久,就越相信思想的伟大力量。在从事成人教育事业35年以后,我懂得了男人和女人都能够消除忧虑、恐惧和种种疾病的方法:改变想法就能改变自己的生活。我亲眼见过几百次这种转变,因为司空见惯,已经不足为奇了。

我深信,我们内心的平静和生活中的种种快乐并不在于我们身在何处,拥有什么,或者我们是什么人,而在于我们的心境如何。

300年前,密尔顿在失明后,也发现了同样的真理:"思想的运用和思想本身就能把地狱改造成天堂,把天堂改造成地狱。"

拿破仑和海伦·凯勒,是密尔顿这句话最好的例证:拿破仑拥有普通人所追求的一切:荣耀、权力、财富,可是,他却对圣海莲娜说:"我一生中从未有过一天快乐的日子。"但是,海伦·凯勒,一个又瞎又聋又哑的女子却表示:"我发现生命是如此美好。"

如果说半个世纪的人生给了我哪些收获的话,我想那就是:"除了你自己,没有什么可以带给你平静。"

请大家记住威廉·詹姆斯这句话:"……只要把困境中人的内心感觉由恐惧改成奋斗,就能把那些消极的东西变为对自己有积极意义的东西。"

让我们为快乐而奋斗吧！让我们用一个每天能产生快乐且富有建设性的计划，来为我们的快乐而奋斗吧！以下就是一个名叫"为了今天"的计划。如果我们能遵循这些方法去生活，就能消除大部分忧虑，使自己"生活上的快乐"大大增加。

为了今天

一、为了今天,我要非常快乐。如果林肯说的"大部分人只要下定决心,就能获得快乐"这句话是对的,那么快乐就应该是来自内心,而不是存在于外部。

二、为了今天,我要让自己适应一切,而不是为了自己的欲望来试着调整一切。我要以这种态度接受我的家庭、我的事业和我的运气。

三、为了今天,我要爱护自己的身体。我要多锻炼,善于照顾和珍惜它,不损伤它,不忽视它,使它成为我争取成功的好基础。

四、为了今天,我要丰富自己的思想,要学习一些有益的东西。我不要做一个胡思乱想的人,要看一些需要思考,更需要集中精神才能看的书。

五、为了今天,我要用三件事来锻炼我的灵魂,我要为别人做一件好事，而不让人知道，我还要做两件自己并不想做的事，如同威廉·詹姆斯所说的，只是为了锻炼。

六、为了今天，我要做个讨人喜欢的人，对任何事都不挑毛病，也不干涉或教训别人。

七、为了今天，我要试着认真思考如何度过每一天，而不是试图将一生的问题一次解决，因为，一个人虽然可以连续工作 12 个小时，却不可能连续不间断地做一辈子。

八、为了今天，我要制订一个计划，我要写下每个小时应该做的事，也许我不会完全照着做，但依然要订下这个计划，这样至少可以免除两种缺点——过分仓促和犹豫不决。

九、为了今天，我要为自己留下内心宁静的半小时，让自己放松一下。在这半个小时里，我要想到神，使自己的生命更充满希望。

十、为了今天，我要让自己毫无畏惧。我要去欣赏一切美的事物，勇敢地去爱，去相信我爱的人会爱我。

将烦恼交给时间解决

每个人都会被各式各样的烦恼所困扰,而解决烦恼的方法也是多种多样的。而其中一种方法就是——让时间去解决你的烦恼。

这是市场销售分析家路易斯·蒙坦特的演说内容:

"无论工作、健康还是家庭,我对所有的事情都感到烦恼……一天下午,我征服了这些烦恼……

"忧虑使我失去了生命中最宝贵的 10 年光阴。18 岁到 28 岁,是人生最多彩多姿且最丰富的岁月。现在我终于明白了,失去那 10 年,并不是其他人的错,全部是我自己一手造成的。

"无论工作、健康还是家庭,我对所有的事情都感到烦恼。因为自卑,我常常躲避自己认识的人。如果碰巧遇到一位朋友,我就假装没有看见,我害怕遭受奚落。我更害怕与陌生人打交道,遇到与不熟悉的人相处的场合,我就浑身不自在,这使我在两个星期当中，一连失去了3次工作机会——我缺乏勇气面对自己的老板。

"8年前的一天下午，我征服了这些烦恼。当时，我坐在一个朋友的办公室里，他是我所认识的最快乐的人，似乎没有一点烦恼。他曾在1929年赚了一大笔钱，但不久就赔得一干二净；1933年东山再起，又赚了一笔，然而还是赔光了。如此反反复复，他曾多次赚钱，也曾多次破产，被债主逼得走投无路。

"现在，我坐在他的办公室里，心中充满了羡慕之情，希望上帝也能将我改造得像他一样。

"在我们谈话的时候，他将当天早晨收到的一封信递给我，让我仔细阅读。那是一封充满了愤怒言辞的信，如果我收到这样一封信肯定会非常烦恼。我疑惑不解地问：'比尔，你如何回复这封信？'

"比尔说：'告诉你一个小诀窍，当你遇到那些麻烦事时，取出一支铅笔和一张纸，将所有的烦恼详细写下来，然后将那张纸放在你右手下方的抽屉里。等过了一两个星期，再取出来看看。

"'如果你第二次阅读时，那些事情仍然会使你感到烦恼，那么把它再放回原来的抽屉中，让它再在那儿待上两个星期。它在那儿绝对安全，不会有什么变故。但是你所遭遇的烦心事

可能会发生许多变化。我发现,只要我有足够的耐心,烦恼常常会自动消失。'

"这句忠告给我留下了深刻的印象。我使用这种方法已经多年,烦恼真的大大减少了。时间解决了许多问题,也减少了许多烦恼。"

如果你也遇到类似的烦恼,不妨学学他们的做法——保持足够的耐心,让时间去解决你的烦恼。

站在对方的立场思考

我每年夏天都要去缅因州钓鱼。我很喜欢吃草莓和奶油，不过我发现鱼儿喜欢吃的却是小虫子。因此我每次去钓鱼时，我不会想我所喜欢吃的东西，而是琢磨这些鱼儿喜欢哪些美味佳肴。我不会将草莓和奶油挂在鱼钩上做诱饵，而是挂上一条虫子或蚱蜢，垂到鱼儿面前，说："你不想尝尝这个吗？"

当你"钓"人时，为什么不试试这样的方法呢？乔治便总是采取这种方式。他常被问到，当其他在战争年代成为领袖的人如威尔逊、奥兰多及克里孟梭都逐渐被人遗忘时，为什么他仍然能大权在握。他的回答是，如果他的掌权术有何秘诀的话，那可能就是因为他很早就明白了一个道理：要想钓到"鱼"，鱼饵必须适合鱼的口味！

为什么要谈论我们所想要的呢？这是看似很孩子气的荒谬的想法。当然，你所感兴趣的是你所想要的，你永远对自己所想要的感兴趣。但别人并不一定对你所想要的感兴趣。其他的人，正跟你一样，只对他们自己所想要的感兴趣。

因此，世界上唯一能影响他人的方法就是谈论他所想要的，并告诉他该如何去得到。

芭贝拉·安德森原本在纽约一家银行工作，但为了儿子的身体健康，她搬到了亚利桑那州的凤凰城。她利用在我班上所学到的原则，写了下面这封信给凤凰城的12家银行。

敬上启信者：

本人有10年在银行工作的经验，作为快速发展的贵银行，可能会对我有兴趣。

我曾就职于纽约银行的一个信托公司，现在已经提升为分部经理，对银行各部门的业务相当熟悉，包括与储户的关系、信用、贷款以及行政。

5月份我将搬到凤凰城居住，深信能有助于贵银行的发展与盈利。我将在4月3日前后的一个星期抵达凤凰城。如果能被给予机会，使我显示如何有助于贵银行达到目标，则不胜感激。

顺颂商祺

芭贝拉·安德森

在你看来，安德森夫人的这封信会得到答复吗？事实上，这12家银行中有11家给她回了信，请她去银行面谈，这足够她选择的了。这是为什么呢？安德森夫人并没有说她想要什么，而只是在信中说自己可以帮助银行发展和获利，因而抓住了银行的需要，而并非一味地说自己的需要。

现在有成千上万的推销员在路上疲于奔命，可是却入不敷出，这又是为什么呢？因为他们推销的时候心里一直想的是自己的需要，却不考虑顾客是否需要。

我们一直都想解决我们的问题。如果一位推销人员能让我们知道他的服务或商品能帮助我们解决问题，那么即使他不向我们推销，我们也自然会买。顾客喜欢的方式是自己要买，而不是被动地买。

不过遗憾的是，许多人干了一辈子的推销工作，却从不知道应该从顾客的角度来看问题。例如，我住在纽约中心的林丘住宅小区。一天我正急匆匆地赶往车站，碰巧遇到了一位房地产销售商，他在长岛推销房地产已有许多年。

因为他对森林山丘非常熟悉，所以我问他我的水泥房是用钢筋造的，还是用空心砖造的。他说他不知道，但他告诉我的，我已经知道了！他说我可以打电话给森林公园园艺公会问清楚。第二天早上，我收到他的一封信。

他是否给了我所要的资料呢？他只要打个电话，在60秒钟之内，就可以得到答案。但他没打。他又告诉我，我自己可以打电话去问，然后请我让他替我代办保险。他并不是真的想帮助我，他只对帮助自己感兴趣。

在这个世界上到处都有这种充满了贪欲的人，因此少数不存私心为别人提供帮助的人，会有很大的收获。他们几乎没有竞争对手。

欧文曾说："能够设身处地为别人着想、洞察别人心理的人，永远不必担心自己的前途。"

如果你从这本书中学到了这一点——"永远从别人的立场去思考，并从他的角度来看问题"，那么它就可以很轻易地变成你事业中的一个里程碑。

尊重别人的观点，并在他内心当中激发起对某件东西迫切渴望的需求，并不是为了控制这个人，使他做出对你有利而对他不利的事，而是实现双赢。

FOUR

家庭和睦需用心维护

如果你想让丈夫获得成功,
那就想办法去支持他,
帮助他制订适合他的目标。
而人生的意义,
就在于不断地追求新的目标。

爱他，就选择支持他

生活中有些人态度散漫，随便找个工作，稀里糊涂地结了婚，漫不经心地过日子，心中没有一点进取心，却梦想着事情能像自己想象的一样美好。这样的人是永远不可能获得成功的。

恩·约特女士在纽约新温斯顿饭店创办了"易职诊断处"，她是一位人生的指导者。她给那些对自己工作不满意的人提出意见，供他们参考。我和她曾经讨论过失业的问题，她对我说，这些人之所以对自己的工作不满意，是因为他们不知道自己真正需要什么，她要做的第一件事就是帮这些人找到内心的愿望和目标。这正是一位妻子应该协助丈夫的事情，帮助他找到生活的目标，然后他才能够明确地向这个目标前进。

《婚姻指南》的作者赛门和伊瑟格琳曾经指出，快乐的婚姻建筑在共同愿望的基础上，无论这个愿望是什么——一幢新房子，一个大家庭，或是去欧洲旅行一次……

书中写道:"关键是先制订一个目标,然后努力去实现它。生活的快乐、满足和趣味来自对生活的设计、希望和梦想,来自对生活中的胜利与失败、满足与失望的共同分享。"

住在堪萨斯州威基塔的威廉·葛理翰夫妇的经历,就是一个活生生的证明。威廉·葛理翰是油料公司的负责人,公司的经济效益良好。小时候,威廉·葛理翰就已经懂得怎样从油料经营和投资中获取利润了,如今他和夫人玛丽拥有的人生财富令许多人羡慕不已:健康、富有、六个聪明的孩子、成功的事业、豪华的住宅,他们可以在未来的岁月尽情地享受这一切。

我认识威廉·葛理翰很多年了,我向他请教成功的秘诀,他回答:"首先要有一个长远的计划,然后努力实现它。"

威廉·葛理翰和玛丽结婚不久,就开始做房屋不动产买卖,从中赚取一些佣金。他们租借一幢办公大楼废弃的一角作为办公室,玛丽在那里负责联络,威廉在外寻找生意。开始,并没有什么业务,这对新婚夫妇经常是食不果腹。

后来,终于出现了转机。他们开始自己购买房子再转手卖出,然后自己建造房子出售,他们的事业前景一片光明。就在这时,威廉却认为自己应该谋求更好的发展,因为他有充沛的精力。

威廉·葛理翰夫妇举行了几次家庭会议,后来他们选择了石油生意,这样威廉·葛理翰石油公司就正式成立了。这家公司对交易的机会和挑战性有强烈的渴望，所以作为成功的范例，经常被人们提及。

但是威廉夫妇并不满足，他们还在谋求新的发展，并考虑进行国际投资。一旦他们做出决定，他们就会竭尽全力去实现它。

当威廉夫妇为自己选择目标制订计划时，他们总会考虑到威廉受过的训练，拥有的素质和性情。玛丽告诉我，为了避免失去进取的精神，威廉总是在实现一项计划之时，马上去制订一个更有挑战性的计划。所以，他们的生活一直充满着挑战，也充满了由此而来的成就感。

威廉夫妇的成功就是一个证明：人生应该制订计划，依照计划行事，最后实现自己的目标。如果一条船失去了方向，失去了前行的动力，那么任何风向对它来说，都是逆风。谁能够不经瞄准而命中靶心呢？瞄准靶心的人可能会出现一点偏差，但是总比闭上眼睛盲目射击好得多吧。

著名的哥伦比亚大学教授狄恩·海伯特·赫基斯曾说过："混乱是产生忧郁的主要原因。"

混乱不仅是忧郁的主要原因，而且还是成功路上的最大阻碍。因此，如果你想让你的丈夫优异出众，你所要做的就是激励他找到生命的重心，制订生活的目标，获得人生的成功。

成功对我们有什么具体的意义呢？成功意味着财富、名望、权力和安全感？还是满意的工作、服务社会？成功对于每个人，都有不同的含义，我们应该仔细考虑这些问题，找到成功对自己的真实意义，从而确定自己生命的目标。

　　如果妻子想要帮助丈夫成功，就应该明确地了解这个目标。可是不幸的是，很多夫妻在准备开始投入生活之时，却发现他们的人生目标完全不同。如果你的先生有明确的人生目标，那么你也不能闲着，你要积极参与到他的目标之中。

　　爱人之间仅仅相爱是不够的，还要有共同的人生目标。对于那些缺乏进取心的夫妻而言，我有一句忠告："相爱并非四目相对，而是双方看同一个方向。"

　　尼克·亚历山大从小在一所孤儿院里长大，那里的伙食粗劣，孩子们在那里总是吃不饱，但是即便在饿肚子的时候也要从早上到傍晚不停地工作。

　　尼克最大的梦想就是能够上学。小尼克非常聪明，可以说是一个神童，他14岁中学毕业之后，就来到社会上谋生。开始，他在一家裁缝店里做缝衣匠，他在那里工作了14年。后来，裁缝店加入了工会，他们的工资提高了，工作时间也缩短了。

　　让尼克感到幸运的是，他的妻子愿意帮助他实现自己的梦想，但是一切并不是那么轻而易举。他们结婚后不久，裁缝店开始裁减人员，这对年轻的夫妇不得不自己去闯天下了。

他们想办法筹集资金，他的太太丽莎还为此卖掉了自己的订婚戒指，最后，他们在宾夕法尼亚州亚顿市开了一家亚历山大房地产公司。

公司成立后，生意十分兴隆。这时，丽莎决定让尼克上大学。在尼克36岁那年，得到了学位，这是他人生路上的第一个里程碑，同时也实现了自己儿时的梦想。

尼克获得学位后，帮助自己的太太继续做房地产生意。他们又有了在海滨建造的一所新房子。

他们此时是否贪图享乐，停下来休息呢？没有！因为他们要为女儿的教育做好足够的准备。于是他们把房子改成公寓出租，他们一心一意要实现这个目标，最后孩子上大学的费用终于有了保障。

目前，亚历山大夫妇在为自己的退休保险金努力奋斗。尼克单独主持事业，丽莎在家照顾生活。亚历山大夫妇的生活是忙碌的，同时也是幸福的。

萧伯纳曾说："我厌恶所谓的成功，因为这样的成功意味着再也没有事情可以做了，就好像是一只雄蜘蛛，完成了授精，只剩下等待着被雌蜘蛛杀死。我的目标永远在前面，而不是后面，所以要不断地进步，向前看。"

许多人一生都没有明确的目标,他们生活单调、醉生梦死,做一天和尚撞一天钟。相反,那些在人生中有明确目标的人,就是在警觉地等待着机会,一旦机会出现,他们紧紧地抓住它,从而得到很多收获。

如果要制订长远的计划,最好是把五年作为一个阶段,这样便于管理和实现。你可以这样来制订计划:杰姆要在五年之内获得大学学位,以此为提升做准备;他要在十年之内晋升为小主管等等。

一位太太说:"我希望我的丈夫永远不要感到满足,不要停下他进取的步伐。我们这五年的生活中,每年都会为一个目标去努力——首先是他的学位,其次是进修课,然后是谋取一个自由投稿的工作,现在则是他的事业。如果有一天他对我说,他已经满足了,那么我们的爱情也就结束了。"

"无论你做什么,只要牢牢记住自己最终的目的,就会获得向前进的动力。"

如果你想让丈夫获得成功,那就想办法去支持他,帮助他制订适合他的目标。在你们实现一个目标之后,就马上制订下一个新的目标,这就是成功的要诀。人生的意义,就在于不断地追求新的目标。

你的婚姻为什么会出现问题

艾麦特·克鲁西于1933年6月发表了一篇名为《为什么婚姻会出现问题》的文章。下面是从这篇文章里摘录的一些问题,它们都很有回答的价值。如果你对每个问题的回答都是肯定的话,你能得到10分的满分。

针对妻子的问题:

1. 你会让丈夫在处理他自己的工作方面有完全的自由吗?比如尽量不去议论和他交往的人、他选的秘书、给他一定的自由时间等。

2. 你是否能够想办法使你的家庭更有情趣?

3. 你是否在做饭时注意合理地调节搭配?

4. 你是否对你丈夫的事业有一定的了解,能和他做良性的探讨?

5. 你是否能勇敢地、愉快地面对家庭财政出现的危机,而且不会抓住他的错误不放，或用不满的态度把他和成功的人做比较？

6．你是否努力地和他的母亲或其他亲戚和平相处？

7．你在买衣服时，是否考虑他对颜色和样式的喜好？

8．你是否会为了家庭和睦，而不那么固执己见？

9．你是否培养对丈夫的爱好的兴趣，能和他一起玩得很开心？

10．你是否注意社会上新的信息，以便能和丈夫有趣地交流？

针对丈夫的问题：

1．你是否还在"追求"你的妻子？比如送花、给她过生日、过结婚纪念日，或者给她意外的惊喜和关爱等。

2．在别人面前，你会注意不批评她吗？

3．你会给她任由其支配的零用钱吗？

4．在她遇到女性特有问题的时期，你会拿出时间和精力帮她度过吗？

5．你的一半的娱乐时间是和妻子一起过的吗？

6．在赞扬妻子的长处之外，你会聪明地避免把她的做饭本领及管理家庭的能力和你母亲或别人的妻子相比较吗？

7．你会对你妻子的精神生活，如她参加的社团活动，她看的书，她对当地政府、政策的看法等等感兴趣吗？

8．当她和其他男人跳舞，或接受他们的照顾时，你能保证不说吃醋的话吗？

9. 你会经常在合适的时机，对她表示你的赞赏吗？

10. 当她为你做一些缝补、洗涮之类的琐碎的事情时，你会对她表示感谢吗？

看到上面的问题后，我想，你已经知道你的婚姻为什么会出现问题了。不要犹豫，不要害羞，照着上面所说的去做，你的婚姻一定会变得更加幸福美满。

"性福"了，才能更幸福

凯瑟琳·戴维斯博士曾担任美国社会卫生局秘书长。在任期间她对1000位已婚妇女做了隐私问题的调查。她得到了令人吃惊的结果。

在整理完那1000位已婚妇女的答卷后，戴维斯博士马上公布了她的看法，她认为美国人离婚的主要原因之一，是出在"性"上。

乔治·汉密尔顿博士的调查，得出了相同的结论。他在4年的时间里调查了100个男人和100个女人的婚姻状况，就他们的婚姻问了400个问题，并对他们的答卷做了极为深入的探讨。最后，他带着调查和探讨的结果，和麦克伊文一起写了一本书叫作《什么是婚姻的问题？》。

什么是婚姻的问题呢？让我们看一下汉密尔顿在书中的结论，下面就是：

"不管什么情况，只要夫妻间的'性生活'非常和谐，那么其他的问题都是次要的。"

保罗·波皮诺博士是洛杉矶家庭关系研究会的会长，他研究过几千个婚姻问题的案例，他是这方面的权威。他认为影响婚姻的问题主要有四个，如下：

1. 性生活不和谐；
2. 情趣不同，缺乏共同的爱好和娱乐方式；
3. 物质生活得不到基本满足；
4. 精神或身体方面反常。

我们可以注意到，关于"性"的问题是放在首要位置的，而关于钱的问题只放在第三的位置上。

大部分婚姻问题的专家都认为，夫妻在性生活上要和谐。霍夫曼是辛辛那提的家庭关系法院的法官，他见证过几千件家庭悲剧，他说："90%的离婚，是因为在性生活上出了问题。"

著名的心理学家约翰·瓦特说："'性'是生活中最重要的事情，也是造成离婚的主要因素。"

参加过我的培训班的几位医生在我课堂上做报告时，也表达过这个意思。

这还真是让人感到悲哀。在现代社会里，教育、书籍及传媒已经是如此发达，对婚姻破坏最大的因素，竟然还是因为对我们的原始本能的了解不够。

奥利弗·布特费牧师作为美以美教会的传教士工作了18年，后来他到了纽约，改做调解家庭关系的工作，同时他结婚已经有很多年了。他说："在我早年做传教士的时候，我就发现很多在教堂结婚的人，虽然对未来充满了美好、浪漫的期盼，但却并不了解婚姻。"很多人结婚时把未来交给运气。看一下我们的离婚率只有16％，你可能觉得还不错。可是，许多夫妻的婚姻只是表面现象，只是没有办离婚手续，他们的婚姻生活就像在地狱里一样。

幸福的婚姻不能靠运气，它是培养起来的，并且需要理智和谨慎计划。

很多年来，为了让当事人做这种计划，布特费在主持每一个婚礼时，都会让男女双方说出他们对未来的计划。最终，他从新人对他们未来计划的讲述中，得出结论，很多结婚的新人并不了解婚姻。

布特费博士还说："'性'只是婚姻生活中的一个部分，但只有先把'性'搞好，才谈得上其他的。"

可怎么才能把"性"搞好呢？

布特费博士认为，在"性"上，不要习惯性地有问题不说，必须要客观、大方地探讨这个问题，而且要看一些有关婚姻和性的书籍。他推荐了以下几本书,一本是他自己写的《婚姻和性的和谐》,一本是伊莎贝尔·霍顿写的《婚姻中的性技巧》,一本是马克斯·易斯纳写的《婚姻中性的方面》。

所以,让你的家庭幸福的其中一条原则就是——找一本写婚姻性生活的好书读一读。

唠叨——婚姻破裂的催化剂

拿破仑的侄子拿破仑三世，爱上了女伯爵尤琴这位美貌绝伦的女人，并和她结了婚。他的顾问曾劝告他说，她的父亲只是西班牙一位非常普通的伯爵，并没有什么显赫的地位。

可拿破仑三世反驳道："那又有什么关系？"他迷上了她的高雅和美貌，甚至在一篇皇家诏文中，激动地说他不在乎全法国怎么看，他说："我找到了值得我爱的女人，除了她，没有别人。"

对于拿破仑三世的婚姻来说，财富、权力、声名、美丽、爱情和尊敬等一切都有了，这简直是具有炫目光彩的完美婚姻。可是，这炫目的光彩很快就暗淡下来，后来只剩下灰色。

拿破仑三世可以用他的爱和皇帝的权力让尤琴成为法兰西皇后，但却无法阻止这个女人的猜疑、嫉妒和无休止的唠叨。尤琴在嫉妒和疑心的驱使下，无视拿破仑三世的命令，甚至不允许他有一点私人的时间。

她经常会在他处理国政时，贸然闯入他的办公室；在他讨论最重要的事务时，不停地干扰；而且她不让他一个人单独行动，因为她疑心他找别的女人；她经常去找她姐姐，对她发泄对丈夫的不满；她会闯入他的书房，不停地大声辱骂他……

虽然身为法兰西皇帝，拥有十几所华丽的宫殿，拿破仑三世却找不到一处静心的地方。

尤琴从她的行为中得到了什么呢？莱哈特在他的《拿破仑三世与尤琴：一个帝国的悲喜剧》中写道："于是拿破仑三世经常趁着黑夜，戴着盖着眼睛的帽子，由他的一位亲信陪着，从一个小侧门悄悄地出去，去找美丽女人偷情。或者观赏一下巴黎的夜景，在皇后不常到的地方，呼吸一下自由的空气。"

尤琴的唠叨所换来的就是这些。虽然她身为法兰西的皇后，虽然她是世界上最美丽的女人，但却留不住爱情，就是因为她的唠叨。尤琴大声地哭叫着说："我最怕什么，就来什么。"但这已经是于事无补了，这真是咎由自取，没有她的唠叨和嫉妒，就不会有这样的结果。

唠叨如魔鬼的诅咒一般破坏着爱情。它总是像眼镜蛇咬人一样具有破坏性。

当托尔斯泰的妻子明白这一点的时候也已经晚了，在她将要去世时，她告诉她的女儿们："你们的父亲等于是被我害死的。"她的女儿们一起痛哭，却没有问为什么，因为她们知道就像母亲说的那样，当年她们的母亲是怎样唠叨个没完，她们的父亲又是怎样痛苦。

然而，托尔斯泰夫妇本应该非常幸福和谐的。托尔斯泰是世界最伟大的文学巨匠之一，他的两本巨著《战争与和平》和《安娜·卡列尼娜》，都是人类文学史上的不朽之作。

托尔斯泰在世时便声名显赫，身边总是跟着崇拜他的人，牢记他的一言一行，甚至连"我要上床睡觉了"之类的话也不放过。不仅有名，托尔斯泰和他的妻子还非常有钱、有地位，而且他们还有可爱的孩子。这样的婚姻真是世间少有。是的，他们的婚姻基础真是非常好，开始时，他们也确实很幸福，并盼望着这样的好日子永远过下去。

可是，这个世界没有永远的春天，托尔斯泰的晚年是悲凉的，而起因就是他的婚姻。他的妻子喜欢奢华、名利和财富，而托尔斯泰却对此不以为然。后来证明，这些差异对他们的婚姻而言是致命的。

托尔斯泰总想着把他写作挣来的钱给别人，他妻子不答应，并经常为此对托尔斯泰唠叨、责骂、哭闹，如果托尔斯泰不理她，她就会撒泼打滚，并吵着要吸毒、自杀，以此来威胁托尔斯泰。

1910年10月，81岁的托尔斯泰终于因不堪忍受他的妻子，在一个风雪交加的夜晚离家出走，并不知所终。11天后，在一个火车站里，托尔斯泰死于肺炎。他临死都不让他妻子来见他。是唠叨造成了这个悲剧。

或许有人认为，托尔斯泰夫人的唠叨是可以理解，甚至值得同情的。可她又从唠叨中得到了什么？她因此得到了她想要的了吗？没有，她的唠叨只造成了她也不想看到的悲剧。她在事后痛苦地埋怨自己是神经病，可已经于事无补了。

看看尤琴皇后和托尔斯泰妻子唠叨的结果吧。她们的这种方式换来了什么呢？只有悲剧。她们把爱情和幸福都给毁了。

贝丝在纽约家庭关系法庭干了11年，经手的男人抛弃妻子的案子有上千件，她说妻子过分的唠叨是造成丈夫离家出走的主要原因，就像报刊上所写的："很多妻子正在挖自己婚姻的墓穴。"

所以，要想保住婚姻的美满和幸福，切记：千万不要唠叨。

倾听家人的"心里话"

让我来再重复一次亚弗斯德教授那充满智慧的忠告:"首先撩起对方心中最迫切的欲求。如果能做到这点,就可以如鱼得水,否则将一事无成。"

在我的班上,有一个学员很担心他的儿子。这孩子不但很瘦弱,而且拒绝好好吃饭。他的父母为此常采取的是一般人的方式:唠叨,责备。"妈妈要你吃这个、吃那个!""爸爸希望你长得又高又大。"……

然而孩子会理会父母的这些要求吗?不会。

任何稍有常识的人都不会指望一个3岁的孩子能够对30岁的父亲的规劝有什么积极反应。但这正是父亲本来所期望的,真是荒谬!这位父亲最后领悟到了这一点,于是他问自己:"这孩子想要什么?怎样才能将我所要的和他所要的结合起来?"

当他开始思考这个问题时,事情就变得容易多了。他儿子有辆三轮脚踏车，小家伙总喜欢在家门口的人行道上骑来骑去。在他家附近住着一位好莱坞称之为"孬种"的人，一个比他稍大一些的孩子，常常把他拉下车，把脚踏车抢去骑。

不难想象，这小男孩会哭着跑回家告诉母亲。母亲便会立刻出来，将"孬种"拉下车，再将自己的儿子抱上去。这种情况经常发生。

这个孩子需要的是什么呢？这问题并不需要"大侦探"福尔摩斯来回答，普通人也知道这个问题的答案。他需要的是自尊、发泄怒火，以及渴望成为重要人物的感觉。所有他个性中最强烈的情感，都在驱使着他去"报复"，揍扁那个"孬种"的鼻子。

于是，当他父亲告诉他，只要他不挑食，乖乖地吃饭的话，终有一天他将把"孬种"打得落花流水，当父亲向他作了这种保证之后，他就不再有挑食的毛病了。他开始愿意吃菠菜、白菜、咸鱼以及任何其他食物，想让自己快些长大，好狠狠地揍那个经常羞辱他的"孬种"一顿。

这位父亲在解决了这个问题之后，又碰到另一个难题——孩子还有尿床的毛病。

孩子跟祖母同睡。每天早上，他的祖母醒来，就会摸摸床单，说："你瞧，你昨天晚上又干了好事。"

"没有,我没有,是你干的。"他会这样反驳。

责怪、打骂,母亲一再强调不许他尿床——这一切都无法使床铺保持干燥。因此,做父母的就开始想:"我们怎样才能使这个孩子不尿床?"

他想要的是什么?首先,他想跟爸爸一样穿着睡衣,而不要像祖母一样穿着睡袍。祖母受够了他夜间的尿床之苦,因此,如果他不尿床的话,很乐意为他买一件睡衣。其次,他想要有一张自己的床,祖母也不反对。

孩子的母亲带他到布鲁克林的罗塞尔百货公司,用眼神示意店员小姐,说:"这位小先生要买点东西。"

店员小姐以使他感觉受到尊重的口气说:"年轻人,我能为你效劳吗?"

"我要为自己买一张床。"他站在那儿说。当店员小姐把一张他母亲希望他买的床给他看了之后,她母亲对店员小姐使了个眼色,于是这个小男孩就在店员小姐的劝说下,买下了这张床。

第二天,床送到了。当晚,父亲回到家时,小男孩跑到门口,叫道:"爸爸,爸爸!快上楼来看我给自己买的床。"

当父亲上楼看到那张床之后,遵循前面提到的史考伯"诚于嘉许,宽于称道"的规诫,问儿子:"你不会把这张床尿湿,对不对？"

"啊，当然，当然！我当然不会。"为了自己的自尊，小男孩果然遵守了他的诺言。这是"他"的床，而且是"他"自己买回来的。他现在穿着睡衣，就像个小大人。他希望自己像个大人，而他也确实做到了。

我班上另一位学员，一个名叫德施曼的父亲，他是一位电话工程师。他没有办法使他3岁的女儿吃早餐。这个问题通过一般的手段，如责骂、请求、哄骗等等都无法奏效。因此做父母的就问自己："我们怎样才能使她'要'吃早餐？"

这小女孩喜欢模仿自己的母亲，喜欢感到自己已经长大成人。于是一天早上，他们就把她放在一张椅子上，让她来做早餐。就在她搅拌早餐时，她父亲走进厨房。于是她说："瞧，爸爸，今天早上我做了自己的早餐。"

这天早上，她在没有任何诱哄的情况下吃了两碗麦片，因为她对麦片已经产生兴趣了。她从中得到了一种重要人物的感觉，她发现做早餐是一种很好的自我表现方法。

威廉·温特尔曾说："人类天性中最主要的因素是自我表现。"为什么我们不在工作当中应用同样的心理学呢？当我们有了一个巧妙的主意时，为何不让对方自己说出来，而不让对方认为这是我们想到的？如此，他就会认为这是他自己的主意而非常高兴,也许他还会吃上两大碗呢。

千万别忘了这一点:首先要听到对方的"心里话",把握他心中最迫切的欲求。如果能做到这点,就可以如鱼得水,否则将一事无成。

FIVE

我所敬佩的魅力女人

身为一位女性,
不管你的出身、长相如何,
都无法影响你的一生,
你所要做的,
就是将自己努力变成自己想要的样子。

埃及艳后克里奥帕特拉

她赢得了当时全世界最有名望的两个男子的热爱,他们是安东尼和恺撒。

克里奥帕特拉是一个有着绝色美貌和超人智慧的女人,她是埃及的皇后和女神,尼罗河上的一朵奇葩。

克里奥帕特拉已经去世2000多年了,但是她的芳名却一直照耀着人类逝去的无数个世纪。当她还只有39岁的时候,她自杀了。然而,在她那短暂的放荡生活中,她赢得了当时全世界最有名望的两个男子的热爱,那两个男人就是安东尼和恺撒。

恺撒——当你每次讲到七月时,都在提到他,因为七月正是因纪念他而得名的。恺撒曾经几乎征服了整个世界。然而,他却被克里奥帕特拉征服了,而她是如何征服他的呢?这是古代历史上最具戏剧性的事件之一。

公元前48年,恺撒到达亚历山大城时,克里奥帕特拉正身处困境之中：她不但被赶下了台，而且身无分文，生命也是危在旦夕。原来，她曾嫁给本族的兄长，后来与他意见不合而发生争吵，双方都不肯退让。于是他向她宣战，她不幸战败。为了保全性命，她只好忍痛抛弃一切，偷偷地逃出埃及，又独自一人悄悄来到了亚历山大。

恺撒早已听说过她的名字，因此对她的才貌仰慕已久。现在，他更同情她的不幸遭遇，他愿意见她，更愿意救助她。于是恺撒传令要见她。这事非同小可！在亚历山大城，到处都有她族兄的侦探，如果她不小心被捕，性命可就难保了。

因此，她预先安排妥当之后，趁着黑夜溜进了一条小渔船中。然后，由她的仆人把她迅速地卷在大块地毯里。当地毯在恺撒的宫殿里展开时，美丽的克里奥帕特拉出现在恺撒的眼前。

当克里奥帕特拉从毯子里面跳出来，一面笑着一面绕着房子跳舞时，她那晶莹剔透的玉体使恺撒惊喜不已，他全身的血液瞬间加速循环起来。

恺撒平常喜欢夸耀自己是爱神维纳斯的后裔，自命为女性美的裁判者。但是，当他这次看到眼前这个女人时，他被惊得目瞪口呆，克里奥帕特拉那逼人的美丽使他大气都不敢出。恺撒心想："哎呀，为什么这么长时间以来，罗马没有出现过如此漂亮的女子？"

已经54岁的恺撒,见了年仅21岁的克里奥帕特拉之后,被她的美丽惊呆了。而克里奥帕特拉对鼎鼎大名的恺撒也是倾慕很久了,这两人一见钟情,心中都激荡起了爱欲的烈火。她的美丽和智慧,更令恺撒驯服地拜倒在她的脚下。

恺撒向克里奥帕特拉宣誓,一定要为她报仇,要好好教训那些暴徒。于是,他率领那支称霸一世的罗马军队,只轻轻一击,就打败了埃及军队,杀得他们全军溃败,片甲不留。她的族兄狼狈地逃窜到尼罗河畔,最后走投无路,投河自尽。

从那时起,克里奥帕特拉就成了无可争辩的埃及女王,统治着法老的一切领土。

岁月如流,克里奥帕特拉给恺撒生了一个儿子——这也是他唯一的儿子。但由于恺撒在罗马早已有了一个妻子,自然就不能再娶克里奥帕特拉为妻了。你可以想象,人们对这样的事情将会如何议论。

为了使人们无话可说,并让她的儿子有一个合法的身份,克里奥帕特拉想到了一个非常好的策略。她吩咐祭司扬言恺撒并不是一个人,而是一个神。他是太阳神阿波罗的化身,阿波罗附着在恺撒身上回到人世间来与女王生儿育女。

如果我们在今天听到这种无比荒谬的话,肯定认为这实在是太无厘头、太无耻了,尽管克里奥帕特拉认为这一招安排得非常巧妙，但如果是在今天，她一定会惨遭失败。可是，生活在两千年前的埃及人，对于这些话却是绝对地相信。

不久，恺撒不幸遇刺身亡。粗暴的酒鬼马克·安东尼继他之后称霸罗马。当安东尼率领部下就要抵达肥沃的埃及时，他曾扬言说："好啊！就要到埃及了。让我们把克里奥帕特拉的项上人头割下来吧。"

克里奥帕特拉担心得战栗了起来，她怎样才能够阻挡住安东尼的铁蹄呢？用船只和刀剑吗？肯定不行！用爱情或许还可以。于是，克里奥帕特拉开始施展她那魔幻般的想象力，她想利用天赋的表演才能去驾驭这个暴君。她乘坐着一条张着紫帆的镀金船去和安东尼会面。

在她的周围装饰着《天方夜谭》中的一切华美的饰物，一些年幼的男孩装扮成爱神，用孔雀毛给她扇风；少女们浑身裹着丝绸，踩着沙漠音乐的疯狂旋律跳着优美的舞。燃烧着的香料袅袅升起的芬芳气息熏得人如醉如痴。而在这一切东方式的、魔幻般的背景之下，克里奥帕特拉躺在一张丝榻上，装扮成女神维纳斯的模样，令人心旌摇荡，欲罢不能。

如果你是安东尼的话，面对这种情景，你该如何处置呢？果然不出克里奥帕特拉所料，粗暴的安东尼也被她诱惑得像一只驯服了的羊羔，不可救药地爱上了她，并最终娶她为妻。

如果两千年后的我们想到横眉大眼、丑陋不堪的安东尼，竟然能够得到温柔美丽的克里奥帕特拉朝夕侍奉，自然会为他而赞叹。

安东尼被她诱惑得神魂颠倒，精神也有些反常，竟将整个腓尼基海岸作为礼物送给她。后来，安东尼又接连把费里冠省、塞波拉岛、克里特岛……都当作礼物送给了她。最后，安东尼干脆把整个亚洲的管理权，也都送给她了。

安东尼这种以领土为礼物随便送人的消息传到罗马之后，立刻引起了罗马人的痛恨和愤怒。要知道，这一切领土，都是经过了无数罗马士兵成百上千次的浴血奋战赢来的，上面流着无数罗马人的热血。难道现在安东尼仅仅为了满足他的一个埃及女人的妄想，就把它当成玩具一样拱手送人？

战争是对这一问题的回答。这也敲响了克里奥帕特拉的丧钟。她曾经随心所欲地将别人玩弄于股掌之中，如今，清算的日子终于到来了。罗马在震怒之下站了起来，罗马人摧毁了安东尼和克里奥帕特拉的舰船，击溃了他们的军队。

安东尼对此也很明白，他知道自己迟早都会成为罗马人的俘虏，并会被处死，于是他举刀自戕，在痛苦中扭动着身躯，死在克里奥帕特拉的怀抱中，临死的时候还亲近地紧贴着她，一如他生前亲近地紧贴着她一样。

克里奥帕特拉也曾对安东尼发誓，决不能被罗马人擒获，免得在罗马街上丢人出丑，受尽嘲笑和捉弄。因此，当他自杀以后，她并不怎么悲伤，她说："安东尼啊！你为什么要死得这么急呢？罢了，你等等，我也来了。"当晚，她也自杀了。

　　至于她是用什么方法自杀的，这个问题到如今还是个疑问。甚至在她死后的 20 分钟，第一个发现她尸体的人也不能回答这个疑问。我们也许可以这样猜想：她先是用牙咬伤自己，再将毒液从伤口注入身体；还有人认为，她是被毒蛇咬伤致死的。

　　她死后，被埋葬在安东尼的墓旁。我们只知道她被埋在埃及的亚历山大城，但连考古学家也找不到她的具体位置。

拿破仑的妻子约瑟芬

一个出生在渔村的贫穷女孩,却赢得了当时欧洲最杰出的男人忠贞的爱。

在这里,我要给你讲一个贫穷女孩子的故事。她全名叫玛丽·约瑟夫·萝西·达丝·尼宾西莉,但人们通常都叫她"约瑟芬"。她出生于西印度一个渔村的炼糖厂附近的一间污秽而幽暗的小屋,但她却嫁给了历史上最著名的人物拿破仑。

约瑟芬比拿破仑大 6 岁。当他们第一次见面时,她已经 33 岁了,而他当时只有 27 岁。她长得并不怎么漂亮,她的牙齿也不好看;而且,她还有两个未成年的子女;此外,她还负债累累。

事实上,她几乎要因无力还债而被关进监狱了。因此,我们不得不承认她此时面临着严重的困难。但是,她有一笔取之不竭的巨大资产——她懂得怎样驾驭男人。她是一个媚妇,对此事颇有经验。

当她的第一位丈夫被法国的革命者送上断头台杀死时，她曾一度悲恸欲绝，担心从此失去了保障，再也没有人会可怜她、帮助她了。因此，她下定决心要效仿一些聪明的寡妇们所走过的路，为自己再找一个丈夫。

有一次，她听到一个朋友讲拿破仑的事情，因而对他很是钦佩。尽管拿破仑在当时还没有什么名气，也没有什么钱财，但他刚从战场上归来，正渴望成名，而约瑟芬也相信他将来一定会成就伟大的事业。所以，约瑟芬很希望能见上他一面。

但是，如何才能与他取得联系呢？她想出了一个很聪明的办法。她打发她那只有11岁的儿子，去问拿破仑手上是否有这个孩子过世的父亲曾经用过的那把刀，拿破仑回答说他有。第二天，约瑟芬便精心地打扮了一番，眼睛里噙着泪水，跑去向拿破仑道谢。

这次见面，约瑟芬的性格和她那迷人的媚态，在拿破仑心中留下了很深的印象。当时约瑟芬的社会地位要高于拿破仑，所以，当她邀请他到她家喝茶的时候，他不禁受宠若惊。在茶叙中间，她对他说，他将成为历史上最伟大的将军……

三个月之后，他们就宣布订婚了。

拿破仑重视时间，非常守时，他常常说"时间万能！时间万能！"而且他还说："在我的一生中，也许会打几次败仗，但我决不会毫无意义地浪费时间。"然而,他却在与约瑟芬举行结婚典礼时迟到了,使得她在圣坛前着急地等候了两个小时。

拿破仑在新婚48小时后,又重返意大利前线督战。尽管他的军队素质良莠不齐,而且兵士们在经历了多次大战之后已经极度疲惫,但在他的"只许前进,不准后退"的强制命令下,经过几次激战之后,竟然获得了最辉煌的战绩。这使得全欧洲的人都不得不对拿破仑的才能表示叹服,拿破仑的威名也从此传遍了全世界。

今天,最值得我们惊奇的并不是拿破仑作战英勇,最让我们感兴趣的是拿破仑在军情万分紧急的战场上,竟还有心情给约瑟芬写信。尤其难得的是,他的信热情似火。我们不清楚拿破仑究竟给约瑟芬写了多少封热情洋溢的信,但我们已经陆陆续续发现了8封,在1923年的伦敦拍卖场拍卖时,这些信的售价竟高达2万美元。

我曾经读过这些情书,并且认为它们售出这样的高价当之无愧。拿破仑在其中一封情书中这样写道:

我亲爱的约瑟芬:

你的爱情无时无刻不激励鼓舞着我,连我的理智都被它带走了——我整天茶饭不思、寝不安席。我不关心我的朋友也不在乎我的荣耀，我之所以重视胜利只不过是因为它能使你高兴。如果它不能让你感到欢喜的话，我宁愿立刻离开军队，赶回巴黎，拜倒在你的石榴裙下。

你用一种无尽的爱激励鼓舞着我。你令我如醉如痴。我时常注视着你的玉照，并用亲吻覆盖着你的芳容……

我们读过拿破仑的日记，也读过许多拿破仑写的东西，但是当我们再次读到上面这封信时，就会觉得拿破仑变了，使我们不敢再相信他就是那个纵横欧洲、所向披靡、英武盖世的英雄，反而会觉得他是一个被驯服的温柔情郎。这封信的确写得太痴情了，大多数女性在读了它以后，都会燃起一股热情。

然而，约瑟芬读了这封信之后，并没有心潮澎湃，她只不过淡然处之而已。

这是不是很令拿破仑失望呢？不错，这确实太令拿破仑伤心了。而约瑟芬此时正在和另一个男子热恋着，一封信也不肯给拿破仑回。这怎么能不让拿破仑恼怒呢？

最后，他厌弃了她的这种冷漠反应。当他在埃及作战时，他邀请了一个黄头发、白皮肤的碧眼女郎和他一起喝茶。约瑟芬在遥远的巴黎听到了这个消息。当拿破仑返回法国时，可怕的事情发生了，在这种场合下，事情往往会如此。她把她的想法告诉了他，他也把他的想法告诉了她。结果，拿破仑将约瑟芬关在了他的房门外。

于是，家庭纠纷因此开始了。约瑟芬的教养要比拿破仑的姊妹们好，这使得拿破仑的姊妹们又妒又恨，她们觉得她是在轻视她们。这种想法令她们暴跳如雷。她们发誓一定要对她进行报复。她们开始嘲笑她，叫她"老太婆"，并且对拿破仑说，他应当和他的"老太婆"离婚，另外娶一位年轻漂亮的女子。

但拿破仑却对约瑟芬一再地宽恕，因为他难以抑制心中对她燃烧着的爱情之火。

最后，拿破仑终于下定决心和约瑟芬离婚，而离婚的唯一原因，是他想另娶一个妻子给自己生一个儿子。这件事让拿破仑非常伤心，当他在离婚协议上签字的时候，不禁失声痛哭。

三天后，他一个人沉默地坐在宫殿里，拒绝与任何人相见，做任何事都没有心情。

离婚不久，他又与奥地利帝国的玛丽·露易丝小姐结婚了。但是对于这一次婚姻，拿破仑比以前更烦闷。

原来，这位玛丽·露易丝小姐和其他奥地利帝国人一样，一直看不起拿破仑。她曾向上帝祷告说："我不想嫁给他，可是由于政治上的原因，我父亲强迫我嫁给他，但我和他未见过一面就结婚了。我对他没有丝毫感情，这让我如何活下去啊？

上帝啊！求你指引我……"

当拿破仑屡战屡败时，这位玛丽·露易丝小姐不但抛弃了他，还教唆他的亲生儿子恨他。

在拿破仑一生中，虽然先后有过几个女人，但在他心中真正占据永恒地位的，却只有约瑟芬。在她死后，拿破仑去凭吊她的坟墓，他痛哭着说：

"我的爱人，亲爱的约瑟芬，至少她不会遗弃我。"

拿破仑临终时嘴里还在念叨着"约瑟芬"这几个字。

身残志坚的海伦

她在无声无色的世界里生活,却谱写了一首辉煌的人生之歌。

美国大文豪马克·吐温曾经说过:"拿破仑和海伦·凯勒是19世纪最有趣的两个人。"当马克·吐温说这句话的时候,海伦·凯勒还只有15岁,但到了20世纪,她仍是最有趣的人物之一。

海伦·凯勒的两眼完全失明了。然而,她却比许多有眼睛能看见世界的人念书念的多——比一般人多出100倍,而且她自己完成了7部巨著。她以本人的一生为背景,拍摄了一部影片,亲自参加表演。她聋得听不到任何声音,但她从音乐中所享受的乐趣却远比许多能听的人要多。

她到美国各州进行巡回演说;她曾在演艺界有4年之久以领袖的身份出现;她还周游过全欧洲。

海伦·凯勒在刚出生时与平常人一样。在她出生后的头一年半也和别的小孩子一样能听能看，并且也开始学说话了。但是，突然降临的一次灾难打破了一切。她得了一场大病，结果，在她出生后仅19个月，便遗留下了严重的生理缺陷：又聋又哑又瞎，这对她的正常成长构成了严重的威胁。

　　开始的时候，她无法接受这样惨痛的事实，于是便像深山野林中的野兽一样生长。她打碎和毁坏一切她不喜欢的东西；她用两只手把食物塞到嘴里；每逢有人想要对她的举止和行为进行纠正时，她便躺在地板上四处乱滚、大哭大叫。

　　她的父母非常痛苦和绝望，最后迫于无奈，就把她送到波士顿专门为盲人开设的珀金斯学院，恳求一位教师收下她。于是，一位光明的天使安妮·曼斯菲尔德·沙利文进入了她的悲惨生活。

　　当沙利文女士进入那所盲人学校时，年龄也只有20岁，却接受了一件几乎不可能办到的事情——教导一个又聋又哑又瞎的小女孩。莎莉文本人的一生也充满了凄惨、伤心和可怜的贫困。

　　莎莉文10岁时和她的弟弟一同被遣送到马萨诸塞州的某个贫民窟。那是一个非常拥挤的地方，她们姐弟俩所住的房子竟是所谓的"死屋"，一间专门用来停放那些待埋的死人的屋子。

她的弟弟不久便染病而死。

至于莎莉文本人,在 14 岁时她的视力就已经差到了不可救药的地步,被送到聋哑学校去学用手指认字。不过,她的眼睛并没有完全失明,直到 50 年后——在她去世前不久,她才被整个黑暗所笼罩。

我根本无法用几个简单的字把安妮·沙利文对海伦·凯勒的重要意义,把她怎样在一个月内将一个陷于黑暗苦楚中的小孩拯救出来的事实讲述清楚。这整个故事已经在海伦本人所著的《我的一生》中告诉了我们,并且令我们深受感动。每一个读过这本书的人,都能够体会到当这个又聋又哑,而且还双目失明的小孩第一次意识到人类的语言是怎么回事时,是何等的快乐。

对此海伦写道:"要想找到一个比我更幸福的小孩肯定是很困难的一件事。我躺在小床中度过对我来说具有重要意义的一天,陶醉在她带给我的喜悦中,我是第一次怀着急切的心情期待着新的一天的到来。"

海伦 20 岁时,她的学识已经达到了很高的程度,以至于她能考入拉德克利夫大学,她的教师也跟随着她。当时,不但她的读写能力不逊于学校的其他人,而且她讲话的能力也恢复了。

她学会的第一句话是:"我现在不哑了!"她翻来覆去地

说，感到无比惊奇和快乐！"我现在已经不哑了！"现在她讲话时还略带一点像是外国人的重音。她写的书以及为杂志写的文章都是用凸版打字机打出来的，如果她想在空白上进行改正的话，便用压发针在纸上刺出一个小洞。

她居住在纽约的福里斯特希尔，距离我住的地方仅有数十步。当我带着我的小狗出去散步时，常常看见她在花园中慢慢地踱着步，她唯一的伴侣是一只牧羊犬。

我注意到她走路的时候，总是不住地对自己讲话。不过，她并不像你我这样活动嘴唇，她活动着自己的手指，用记号的语言和自己讲话。她的秘书告诉我说，凯勒女士对于方向的辨别力不如常人。她往往在家都会迷失方向，而且一旦家具的位置发生变动，她就会不知所措。有的人因为她的失明，便以为她具有敏捷的第六感官，但事实上，她的味觉和嗅觉与常人没有多大的差异。

然而，她的触觉还是非常敏锐的，她把手指轻轻地放在她朋友的嘴唇上，就可以明白他们在说什么；把手放在钢琴和小提琴的木板上，她就可以欣赏音乐；她甚至能把手放在收音机上，凭借它的震动来欣赏广播中的各种节目。她欣赏音乐时，是把自己的手指轻轻地放在歌唱者的喉部，但她自己却根本无法唱歌，甚至连一个音调也发不出。

如果海伦今天和你握过手，然后在5年后她和你再次相遇并再度握手，她就能通过握你的手而想起你来——而且，你当时的情绪是怒是喜，是失望还是得意，她都能感觉得出来。

她爱划船和游泳，尤其喜欢在丛林中纵马疾驰。她擅长棋类游戏，一种专门为她设计的棋具。她甚至还喜欢玩纸牌游戏，在桌子上铺满一些字和图凸起来的纸牌。而每逢阴天下雨之际，她便会以编织毛线衣来消磨时间。

大多数人都以为失明是世界上最大的痛苦。但是，海伦·凯勒却说，她对于自己的盲聋并不十分在意。在整个黑暗而静寂的世界里，唯一使她感到不幸的是无法听到人们发出的友爱的声音。

作曲家邦德夫人

在几十年前的一个严冬之夜，在北部密歇根茂密的丛林附近，发生了一幕惨剧：佛兰克·邦德医生摔倒在冰天雪地之中，不久就去世了。

自从这位仁慈的名医佛兰克·邦德一家人居住在这丛林地带以后，这里一些贫苦的患者犹如找到了一位"慈父"。他们从此不再畏惧病魔，即使生病也不再像以前那样害怕了，因为这里来了一位"救星"。

以前这里的人们既不知道有"医生"，也不知道"病"是可以医治的，他们只能让病自然痊愈，一旦不幸病重死了，他们也认为这是"天意"。并且一般医生也不愿到这种地方来。

这天晚上，邦德医生又被请去病人家里医治一个危急的病人。当他准备妥当，吻了吻他的妻子，又说了几句夫妻之间的私话之后，就匆匆忙忙地出门了。可万万没有想到的是，这几句话竟是他最后的遗言。5分钟后,这位仁慈的名医,就摔死在冰冻而坚实的地上。原来,有一个淘气的孩子想和邦德医生开一个玩笑,就在他背后用雪球偷偷地打他。谁知,邦德医生却因此摔倒在地上死了。

邦德医生留给他可怜的遗孀卡丽杰考白·邦德的全部财产是——4000美元保险费,一个独生子,以及巨额的负债。

向来体弱多病的邦德夫人突然间遭此惨变,悲恸欲绝。但她现在必须开始独自一人肩负起家庭的重担。可是,除了一点儿管理家庭和抚养孩子的经验以外,她还能做什么呢?

许多人可怜她,也愿帮助她,但都被她婉言谢绝了。她带着唯一的爱子,来到芝加哥,中止了和各亲友之间的往来,她要与命运相抗争。

她起先做了些买卖,结果都以失败而告终。后来,她开始写些歌曲,但出版商们不愿出版。15年后,邦德夫人完成了一首新曲《一日终了》,想不到她因这首曲子一鸣惊人。此曲在很短的时间内便卖出了600万份,她也因此而得到25万美元的报酬。

你们羡慕她吗?但是要知道,这可是她经过15年艰苦而长期的奋斗才得到的啊。她刚开始作曲时,即使5美元一曲也没有人要。

那时的她，连房租都付不起。到了冬天，也会因外面天气寒冷，而整天不敢离床，因为她连买木柴的钱都没有。日益穷困，每天只能吃一餐饭，而讨债的人却接连不断，搬走了她屋中的全部家具，只给她留下一点点生活费。

她在艰苦的环境下坚忍地奋斗，依然不间断地作曲。在此期间，她完成了许多名曲，《我真的爱你》便是其中之一。

当她穷得连稿纸也买不起时，就用包东西的纸来作曲，她没钱买油点油灯时，就在微弱的烛光下写作。

有一次，她想在一家音乐杂志上刊登一则小广告，对自己的作品进行宣传，可是这需要一笔钱，她没有那么多钱，于是她便主动替该杂志的女主笔缝纫衣服，以此来折付广告费用。

当她第一次参加演出时，唱了自己写的歌曲，但整整一个晚上的报酬只有5美元。后来，她的声誉越来越高——被英国知名人士佛兰克·麦凯夫人聘请前往伦敦，她只演唱了12分钟，便得到了100美元，而且还不包括路费。

然而，她永远都无法忘记的是，当她第一次去游艺会演唱时，竟遭到了听众的辱骂，这让她非常难堪。她立刻从后台溜到街头，帽子没有戴，大衣也没有穿，伤心得泪流满脸。但她并没有灰心，而是更加努力地督促自己。十多年后，她的目标终于实现了，真正扬眉吐气、芳名远传了。

至于她那部不朽的名曲《一日终了》，又是如何写成的呢？

那是在一个风和日丽的日子，邦德夫人和几位朋友一同外出郊游。当他们经过南部加州的花丛时，只见两边全都长满了常春藤，玫瑰花含苞待放，扑鼻而来的是一阵阵清香，使她的内心激荡起一种难以言表的愉悦。

黄昏时，他们站在山顶上看落日和晚霞，又有一种说不尽的诗情画意。当橙红色的太阳朝神秘的太平洋落下时，她不禁感慨地自语道："真的，这是一日的终了啊！"

于是，那美丽的词句犹如狂潮般在她心头涌起。她立刻随口吟诵了两节优美动人的诗句。略加修改后，很快便成为一首新曲。

她作这首新曲的经历是如此简单，根本没费多大力气。可是，这首歌曲无疑已是一支名曲，也是一支震惊世界的不朽名曲了。它的销路之广，打破了有史以来音乐界的纪录。

无论是在老罗斯福总统时代，还是在哈定总统时代，邦德夫人都曾多次被邀请到白宫中，为贵宾们演唱她那首名曲《一日终了》。

神秘影星——嘉宝

在理发店工作过的她赢得了全世界的青睐。

有两个在全世界鼎鼎大名的人物都曾在理发店里工作过。当理发师磨着他们的剃刀,准备给顾客剃胡须的时候,这两个未来的著名人物就在剃胡子的杯子里面搅拌着肥皂泡,并把它涂在顾客的脸上。这两个人就是格丽泰·嘉宝和查理·卓别林。

当嘉宝初到美国时,这儿的人从来没有听说过她的名字,她甚至连英语都不会说。不过这是很久以前的事情了,嘉宝在27岁时便已经成为世界上最著名的女演员之一,她的知名度很高,比在过去的200年里高坐在瑞典王座上的所有威严的帝王们还要高。

幼年时代的嘉宝,就已经充分展现了她那与众不同的个性。她对枯燥乏味的学校生活根本不感兴趣,因此她经常逃学,有时到了学校,她会趁教师不注意,一个人偷偷地溜出来,跑到戏院后面的走廊上看戏，因为站在这里无须花钱买票。

当她看得兴奋时，就会立即跑回家中，取出平时玩耍用的水彩，把自己满脸涂得五颜六色，说自己是在模仿法国著名演员普萨瑞·哈特。

在嘉宝14岁时，她父亲就去世了，因此家境日益贫困，无力再供她上学，她也就只能辍学，到一家理发店工作。不久，她又转到斯托克荷姆市的一家商店当推销帽子的职员。

有一天发生了一件小事——就是这件小事改变了她一生的命运，并使她走上了此前她做梦都想不到的荣享盛名的道路。在卖帽子的过程中，她提议为帽子做一个广告以促进帽子的销售，于是店主采纳了她的这一建议，决定摄制一段帽子的广告影片，并由嘉宝来做模特儿。

如果那一次不是有一个目光锐利的电影导演偶然间看见了那段广告片，嘉宝也许直到今天仍然在那里卖帽子呢。这位导演是嘉宝高超演技的第一个观赏者。当时她年仅16岁，那位导演建议她到一所戏剧学校去念书。

要嘉宝放弃已有的固定职业，放弃原来的薪水，再花钱进入戏剧学校学习，这的确是一次困难的抉择。假如她没有远大的眼光和巨大的勇气，她是绝对不能这样做的。嘉宝确信自己对戏剧极其感兴趣，自己将来一定会有成功的希望，于是听从了这位导演的劝说，毅然辞去了工作，开始向理想目标迈进。

一天，瑞典的大导演斯蒂勒派人送了一封信到那个戏剧学校，要求学校选派一名年轻女子去扮演一个小角色。嘉宝得到了这一机会，她那时的名字并不叫嘉宝，而是古斯塔夫森。但是，古斯塔夫森这个名字缺乏诗意，没有迷人的魔力，又不容易记忆。于是，导演的魔棍一挥，格丽泰·古斯塔夫森就变成了格丽泰·嘉宝。

嘉宝可以说是世界上最怕羞且神秘的女人之一。甚至那些和她一道工作的人，都认为她是一个高深莫测、不可捉摸的神秘人物。例如，华莱斯·毕雷和她一起工作达两年之久，但是他从来也没有见过她一次。这是因为他们出演的是影片的不同部分，而这些不同场面又是在不同的时候拍摄的。

有一次，美国最著名的评论家亚莎·白利斯伯专程赶往好莱坞，希望参观嘉宝拍戏，但没想到却被这位瑞典小姐一口回绝。她说："我很钦佩白利斯伯先生写的文章。不过，有他在场，恐怕我的戏就很难拍好了。"

更有趣的是，在拍戏过程中，有时嘉宝甚至会请求导演离开，这无异是在说：除了摄影师之外，谁也不许看见她。你说她是不是很神秘呢？

她的摄影师名叫威廉·丹尼尔，嘉宝在美国主演的第一部片子便是由他来拍的。那时候，嘉宝的英语说得还不是很好，常常会暴露一些有趣的"破绽"来，几乎所有人都嘲笑她——只有威廉·丹尼尔一人例外。

他是个聪明且细心的人，他察觉到这位特别美丽的年轻女郎非常敏感，正在为别人的嘲笑而感到局促不安。于是，当影片拍完时，他便会主动向她道贺，并且对她说他希望以后还能够再度与她一道工作。他的这种安慰与赞赏，嘉宝几乎感激涕零。

从此，她就把他当作知己，因此在她以后主演的影片中，几乎全都是由他担任摄影。当嘉宝返回欧洲以后，公司从未接到过她的信件，甚至连一张明信片也没有收到，倒是她的摄影师丹尼尔收到过她的一封电报。

全世界倾慕嘉宝的影迷成千上万，但是，由于她不善交际，所以朋友很少。虽然她的名气很大，可是当她被介绍给陌生人时，经常会不自觉地战栗起来。她喜爱孤独，每年都是一个人安静地在家里独自吃着圣诞晚餐。她家里没有收音机，笑声也很少，而且很少听到门铃和电话声。

在美国知道嘉宝住处的人很少，甚至连那些和她住在隔壁的人都不知道自己的邻居就是大名鼎鼎的嘉宝。有一次，她租了一栋房子，付了三个月的房租，由于一名摄影师发现了她的藏身之处，因此她只住了三天就搬走了。

嘉宝的生活过得非常简单，比世界上其他任何重要的电影明星都要简单得多。她驾驶着一辆1927年的老式旧汽车。这辆车的车身上的漆已经剥落不堪了，实在是需要重新刷一遍，而且它的样式也很陈旧，看上去让人忍俊不禁。她只有三个仆人：她的司机、黑人女侍从以及她的厨师。虽然她经常能存上一大笔钱，但她的生活费大约每星期只有100元。

她最喜爱动物，散步的时候如果碰到了狗或者是马时，她总要停下来看看，然后用手去抚摸它们，拿些食物去喂它们，并且还和它们讲话。她还在游泳池内养了许多金鱼和青蛙。有一次，我的朋友去访问她时，她正在玩一只青蛙，于是他们的这次谈话，就完全集中在青蛙身上了。

你也许不信，嘉宝在美容方面是很不在意的。她从来不抹胭脂，也不涂唇膏，连指甲上也不涂彩油。她鼻子两旁有些黑斑，但她也不想用粉去掩饰。即使是在拍戏时，她也从不浓妆艳抹。

你一定听人们讲起过有关她的脚的笑话。事实上她的脚和她的身材比起来并不算大。她的身高达到了五尺六，脚上要穿七码大的双A牌的鞋子。有人曾经告诉我，这是一个有着她那种身高和体重的女人的正常的脚的尺寸。

她的牙齿非常好，就像光滑的象牙。她从未看过一次牙医。

"苹果酱"是她学到的第一个英文单词,这是因为她在工作室里听人讲得最多,于是便把它记住了。如果你现在要嘉宝用一个字来描绘好莱坞,她也许还是会说"苹果酱"。

影坛巨星凯瑟琳·赫本

她一天赚10000元却还只搭四等舱。

几年前的一个晚上,一位满头红发、来自美国康涅狄格州的瘦小女孩,自信地走上学校礼堂的讲台,背诵"布仑亨之战"一文。她的脸上虽然长有雀斑,但是看上去很干净。她的父母和五个兄妹坐在台下的观众之中,他们眼中都闪着期待的光。

对于他们来说,这是一个重要的时刻。然而,就在他们满怀期待的时候,发生了一件可悲的事情。当小凯蒂开口讲出第一句话之后,突然紧张得再也说不出话来,她的喉头哽塞,剧烈地喘息着,她讲不下去了,泪水噙满了她的眼眶,最后她一转身跑下了台。

凯瑟琳·赫本当时只有13岁,又过了13年,她却因为在电影中的优异表演而荣获奥斯卡最佳女演员奖——1933年因为她在《牵牛花》中的出色表演,她得到了这一电影界的最高奖。

第二年,她又因饰演《小妇人》而获奖。

在她离开布莱恩·莫尔女子学校之后,她的运气越来越好。她很快就被选上主演百老汇的名剧《金色池塘》,当时她只有两个星期的舞台经验。对于凯瑟琳来说,这本是莫大的幸运,但是到了排演时,她却就她的动作和舞台导演发生了争辩。她按照自己的想法据理力争,但导演的话有着最终的效力,于是不久她就发现自己失业了。

第二次,她又有了扮演另一部剧本《致命假日》的主角的机会,但她却没有和那部名剧一起走到百老汇。她在费城就被辞退了,她是坐在化妆室里准备化妆演出时被辞退的——原因是导演认为她不太称职。

不久,机会再次降临到了她身上,她被选上和莱斯利·霍华德合演《动物王国》。这次,她决定好好把握住这难得的机会。因此,她花费几个月的时间认真地阅读剧本,体验生活,揣摩她即将担任的角色。可是到了排演的时候,以前的那一幕又出现了。她固执己见,不听任何人的指导,于是她又一次被辞掉。

这样做,是不是有点太傻了呢?哈,在批评她之前,让我们来听听她自己的解释吧。凯瑟琳·赫本说:"我认为,如果我能按照我自己的意思去表演,我一定能够获得成功。我知道,假如让我盲目遵从别人的意见，那么我所表演出来的人物必然缺乏我自己的色彩，那我必定会失败。"事实证明，她的话非常正确。

在她拍戏的前几年，她的父亲——康涅狄格州哈特福德的一名医生，在自己家中盖了一所健身房并训练他的几个子女一同练习摔跤并在空中秋千上表演。就这样，凯瑟琳练就了一身灵巧的功夫，她能抱起体重180磅的男子，慢慢放到地板上，而她自己的身材却极其瘦小，只有110磅重。

她还擅长花样滑冰和花样潜水，她的高尔夫球技术很棒，在开始演艺生涯之前，她还打算以打高尔夫球为职业呢。她所受的这些练习，对她在百老汇第一次主演《勇士之夫》这部影片起了很重要的作用。正是因为有了这些基础，在表演喜欢蹦蹦跳跳的亚马孙河边的女子时，她的表演非常出色。

她的表演非常逼真，以至于好莱坞听到这件事之后，特意让她在银幕上试演了一次，并致电询问她的薪水要求是多少。好莱坞猜想她的要求最多是每星期250元，因此当她的经纪人给好莱坞回电说，凯瑟琳女士的要求是每星期1500元的报酬，他们还以为电报公司把数字打错了，电影公司又打电报向凯瑟琳询问，是不是在打电报的时候不小心多加了一个"0"。

凯瑟琳的回电语气很强硬，她说："电报没有错，倒是我想错了，每星期1500元的报酬太少了。"

等到凯瑟琳小姐到了好莱坞之后，著名导演乔治·丘克负责对她进行指导，他建议她先去理理发，同时还要求她换换服装，因为在他看来，她的衣服实在是太难看了。

"难看？"凯瑟琳小姐生气地说，"你说什么？哈，这种服装还是巴黎最有名的成衣店专门为我制作的呢。"

乔治·丘克反驳道："哈，我想这是我一生中所见过的最难看的服装了。讲究穿着的女子，决不会在浴室外穿它！"凯瑟琳小姐气得说不出话来，不过她随即又笑了起来。

凯瑟琳·赫本女士在布莱恩·莫尔女子学校上了4年学，她曾梦想着当一名心理学家。她对自己的服装修饰向来都是不以为然。她曾穿着不雅观的绿长裙和带大头钉的鞋（那是人们去欧洲登山时才穿的鞋）在街上走，这使好莱坞人大为吃惊。

她的眼睛是绿蓝色的，而头发则是红色的。当她在好莱坞拍电影时，她每天早晨都要用药水洗一次头发，以使头发的颜色淡一点。

有一次，她在学校跳舞，一个年轻男子撞了她一下，当他转身道歉时，她却怒目相向。后来，他们又在舞池相遇了，这位男子竟走过来邀请她跳舞，他们就这样相识了。后来，他们经常开着汽车一同在月光下漫游，谈情说爱。6个星期之后，他们就结了婚，但后来又离婚了。凯瑟琳对此事简单地解释说："对我们来说，这一切都很自然。"

她曾 7 次去欧洲，每次去，她坐的都是四等舱，即使到了很有钱的时候，她也不愿把大把的钱花在头等舱上。

她在自己的薪金待遇上毫不含糊。有一次，她按照合同的规定拍完了一部影片，但后来却被告知要重拍一幕戏。于是，她被召了回来，据可靠人士透露，因为多加了一天的工作，她索要了 10000 元的额外报酬。她大约是电影史上唯一能那样做的人。

著名影星璧克馥

一张借来的生日证书，使她成了世界名人。

谁是世界上最著名的女人？坦白地讲，我不知道。不过，如果让我来猜的话，我想这个头衔一定会落到一位加拿大和爱尔兰的混血女子头上，她的体重仅103磅，名字叫格拉迪斯·玛丽·史密斯！

史密斯小姐在很小的时候便开始了自己的舞台生涯，她幸运地得到了大卫·贝拉斯科友好和明智的指导，这位先生还把她那不怎么引人注意的名字格拉迪斯·玛丽·史密斯，更改为玛丽·璧克馥。

当格丽泰·嘉宝还在瑞典的一个理发店往人们脸上涂香皂沫的时候，玛丽·璧克馥早已是一个鼎鼎大名的明星了；远在梅·韦斯特在我们眼前出现之前，她早已家喻户晓了。

她比世界上任何一位电影明星在银幕上的名声都要长久，

她的举世盛名要胜过道格拉斯·费尔班克斯，她是第一个站在水银灯前的人。远在查理·卓别林踏入好莱坞之前，她就已是影坛薪水最高的演员了。她在汤姆·米克斯还没有骑着他的第一匹马开始拍片时，就已经被列入最卖座的影星之一了。

玛丽·璧克馥很小的时候就开始独立谋生了，这已经违反了限制幼童工作的法律。一些团体如纽约的格雷社企图阻止她登台演出，他们说她应该待在学校，多学点算术而不是在剧院里表演。结果玛丽就耍了一个花招愚弄他们，她借用她堂姐的出生证书躲过了执法人员的检查。这也就是为什么直到现在，大家还都以她堂姐的年龄作为她的实际年龄的原因！

玛丽的祖父生于4月8日，而她的父亲也生于4月8日，这个日子像是被规定为史密斯家生小孩的良辰吉日一样。于是，玛丽的母亲也想像她的婆婆那样，也在4月8日贡献给丈夫一个婴孩，来作为送给他的生日礼物。

不过，令他们失望的是，玛丽并没有在他们大家所期望的日子降生。实际上，她是在4月9日凌晨3时降生的。可是，为了沿袭那个良辰吉日，他们家的人对日历和时刻表便置之不顾了，于是，她的生日也被郑重地宣称为4月8日。

这种错误一直延续了长达30多年——直到她父亲去世之后，人们都无视这种错误，一直让它存在着，仍旧在4月8日向她庆贺生日。但是，自从她母亲死后，玛丽把自己的生日改在了4月9日。

再也没有什么能比玛丽·璧克馥一生的经历所表现出的酸甜苦辣更丰富的了。

她一生中有一段时期，自己洗衣服，把湿手帕贴在玻璃窗上晾干。而且她一天所用的生活费只需要一毛钱左右。而12年后，她每小时就可以赚1000元，也就是说，她每秒钟可以得到15元。

在她当年无所事事的时候，她的母亲经常会用自己积攒下来的有限的几个钱为她的孩子们做一些简单的腌菜吃，而至今玛丽·璧克馥依旧非常喜欢吃这种腌菜。我曾经听她说过，她宁愿吃她母亲做的腌菜也不愿吃那些大餐。

这位全世界最著名的女人究竟是怎样生活的？她平时都有些什么样的娱乐呢？

显然，她所酷爱的事情并不是"吃"。有一天下午6点，我去拜访她，她告诉我，整整一天她就只吃了一片烤面包加一杯茶。我问她这样会不会觉得饿，她回答道："不，一点也不！"

多年以前，她在读过辛克莱的那本名著《丛林》以后就永远不吃肉了，哪怕就是透过肉铺的窗子看上一眼，她也会好几个小时浑身不舒服。因此，她每逢路过肉铺时，都会闭上眼睛。

在年幼时，她常和她非常宠爱的一只小山羊玩，所以，现在每逢她看见餐桌上有烤羊肉之类的菜时，就会回忆起自己的童年，使她不能下咽。她从来不吃猪肉，她也不吃她自己从水中钓上来的鱼，不过她却很喜欢吃别人捉来的鱼。

她说，她自己的欲望是一件时刻让她感到痛苦的事情。它催促你、占有你，并阻止你去做你想做的事情。她喜欢散步，喜欢骑马，但她却很少能有空闲的时间去实现这其中任何一种愿望。她每天必须工作12～16个小时，她的秘书分成两班，这是因为她永远不能期望哪一个秘书具有像她那样吃苦耐劳的精神。

她从不无故地浪费哪怕是一点点的时间。在她外出旅行时会随身带着一位法籍同伴，这样她坐在汽车里外出旅行，也会有助于她法语水平的提高。

她接到的信恐怕比世界上任何一个人接到的信件都要多，她每天用来阅读信件的时间大约要花上10个小时左右。邮局用大包裹把信件寄给她，她收到许多求助的信，要完全满足这些求助者将要花去她收入的十倍以上财产。

玛丽·璧克馥是真诚的，她是那种你很容易就会爱上的人，她谦逊而诚恳。她丝毫也没有被她的名声和地位所改变或腐化。

她告诉我说,她甚至不介意自己死后是否会有一块墓碑在她长久安息的地方矗立。

她经常在银幕中扮演孩童的角色,而她之所以这样做,就是因为她渴求在幻想的世界里获得那失去的童年欢乐。

我曾问过璧克馥小姐,在美国是否还有成千上万的姑娘,也像好莱坞的明星们一样美丽动人并有表演的天赋,她说:"当然是的,不过成功大部分要借助宝贵的机会,而宝贵的机会也就是我们所说的'爆冷门'的意思,这样说来,好莱坞的明星们也许就是具有创造冷门能力的人!"

玛丽的父亲是一个商船上的会计,经常往返于多伦多、加拿大、纽约及巴弗罗四地。当玛丽4岁时,她父亲在一次意外的事故中不幸惨死——他撞到了一个铁轮子上。他的名字叫约翰·史密斯。

如果约翰·史密斯能够复活的话,当他发现他的小格拉迪斯已经成了世界上最著名的女人时,他将会是多么的惊讶啊!

"灰姑娘"海伦·杰普森

袜子上的一个破洞使得她步入成名之途。

你喜欢灰姑娘的故事吗？这里就有一个真实的灰姑娘的故事：一个曾经被人称为"胖姑娘"的小姑娘长大后摇身一变成为最美丽的歌唱家的故事。她是一个穷得上不起学的小女孩，而如今她变成了纽约大都会歌剧团最杰出的女演员。

1930年，这个女孩曾接连在各个电台试歌，但始终没有人愿意接受她。但就在4年后，美国的广播界的编辑们评选她为当年最重要的广播人才。

有一年，当我在哥伦比亚广播公司做播音员时，坐在听众席前排的一位漂亮女士令我赏心悦目——她有着一头醉人的金发，一双温柔的棕色眼睛，一副健美的体格，还有一种特殊的魅力。最后，我终于有机会认识了她——我发现她原来不是别人，而是著名的海伦·杰普森，也是乐团中吹笛乐师乔治·鲍威尔的太太。

我问乔治他们的结合是不是一见钟情,他回答说"是的"。

但海伦突然插嘴说:"是的,一见钟情是在我这方面,但对于他来说,却不是那么回事。我爱他并非一天两天,在他对我留意前,我就爱他很久了!我甚至在他的房子附近来回地走,幻想着能在他散步的时候遇见他。

"后来有一天,我在一个门口无意中看到了他,但我非常紧张,竟慌乱地跑开了。我第一次遇见他,是他在薛达堂湖参加音乐团演奏的时候,当时我20岁,他32岁。那时我毫不知名,而他却处在事业的黄金阶段。可是我非常爱他,爱得如痴如醉,为了可以看他一眼,我时常在树后,等待着他从树旁经过。"

我问海伦·杰普森,她最让人惊奇的是什么事,她说:"噢,多数人惊奇的是我已结婚并有一个小孩子了。"

我问她的小宝贝名字叫什么,她回答说:"她差不多有3岁了。"

我说:"是的,可是你叫她什么呢?"

她的回答仍然是:"她差不多有3岁了。"

"是的,我知道,可是你叫她什么呢?"

她又回答说:"当我的生日来到时,我将会吃到冰激凌和甜饼干。"

她就是喜欢这样答非所问，和你打岔。我问海伦·杰普森是不是迷信，她立刻回答说："啊，不是的，我在大都会剧团的更衣室内吹口哨，你知道这对一个歌唱家来说是一件特别不好的事情。"

当她的孩子降生时，她让医院的看护将一串念珠放在小孩子的脖子上，念珠上刻着小孩的名字。后来，杰普森把那串念珠改造成一个小手镯，当她参加演出时，如果她没有戴上它或者没有把它握在手中，她便唱不出来。

我问海伦女士这是不是迷信，她回答说："啊，不是的。那是我的护身符！"

假如海伦·杰普森没有在俄亥俄州阿克伦城的俱乐部唱过《把我带回弗吉尼亚》这支歌曲，或许她今天还是一位卖女人胸衣的售货员，而不会成为音乐界鼎鼎大名的人物。事情的经过是这样的：

她总是渴望自己能够成为一名歌唱家。她有一位姑母是从事舞台工作的，她常送给海伦一些自己不要的衣服。小海伦时常穿着这些衣服又唱又跳，并与邻近的小孩子们"演戏"玩耍。后来在中学时，她加入了歌唱团，毕业后，她就在阿克郎城某百货商店卖女人胸衣。

这个职业非常枯燥，但却可以挣到一些钱，这样她就能偶尔到克利夫兰城学习音乐。每星期日她在教堂唱诗班参加歌唱，有时她也穿上殖民地土人所穿的衣服，在各集会及交际场中唱歌。

一天，一位商人在扶轮社听见她唱《把我带回弗吉尼亚》，当时，这位商人正需要一位女售货员在她的商店里售卖唱片，于是他就聘用了她，这个行为使她的一生发生了改变。她在这家音乐商店里，翻来覆去地唱那些唱片的歌曲，还模仿杰莉芝、宝丽、罗莎及彭西里等人的风格。终于有一天，机会来了。

在著名的柯地斯音乐会中，有一场歌唱比赛，优胜者可以获得音乐学会的奖学金。她会去吗？如果去的话，光是购买到费城的火车票，几乎就将花去她所有的积蓄。而且参加竞赛的女子有200名之多，要想得到那份奖学金实在是一件非常困难的事情。

如果她失败了呢？是的，如果她失败了，那么她连回家的钱也没有了。她就只好在费城再找一份售卖女人胸衣的职业。但是如果她成功了呢？——如果她成功了，她便会站在音乐世界的门口。于是她孤注一掷，决心去费城。

在那200名参加竞赛的女孩子中，也有人的歌喉像她一样甜美、清纯，并具有动人的魅力，可是，她却具有一些她们所不具备的东西。她懂得推销，她具有很强的表达自我的能力和把自己的歌声传达出去的能力。

而且在后来的评判中，有一个小细节助了她一臂之力：有一位评判员注意到她的袜子上有一块缝补整齐的补丁，这位评判员对这个有补袜子耐心的女孩子很是欣赏，于是，海伦·杰普森最终如愿以偿地获得了那个奖学金。

她和另一位女孩子在城郊合租了一间屋子，她们的房子在高高的五层楼上。在严冬的日子里，为了取暖，她们抱成一团。她们点了一支蜡烛放在地板上，把它想象成一个火炉。她们每天的生活费只花 5 角钱，她们甚至是在一个小汽油灯上做饭吃。有时，除了汤之外，她们没有别的食物。可是她们还在歌唱，并想象着她们正身在巴黎。这样的生活困苦吧，但她们一点也不觉得苦。

我最佩服海伦·杰普森的是：成功、声誉和金钱并没有让她沉醉于奢靡之中而毁掉自己。即使现在她有着很高的声誉，但她仍像 15 年前在俄亥俄州阿克伦城为她父亲扫地、炒菜时一样随和、朴实。

Part 2

姚乐丝·卡耐基：做成熟知性的女人

SIX　创造温馨的家庭环境

SEVEN　不要遗失你的交际圈

EIGHT　做更美好的自己

NINE　冷静应对突发状况

SIX

创造温馨的家庭环境

一个妻子能做的最重要的一件事,
就是让先生将难以发泄的苦恼向她倾吐。
做一个温柔可爱的妻子,
和拥有一个成功的丈夫,
是很难分开的。

你为何要自找烦恼？

陶乐丝·狄克斯这样写道："一个女人的脾气和性情，对一个男人的婚姻而言，比其他任何事情都重要。即使她拥有全天下所有的美德，但是要是她脾气暴躁、性格孤僻、唠叨挑剔，那么这一切美德都是枉然。

"有很多男人放弃了可能成功的机会，那是因为他太太对他的每一个心愿都浇冷水，她们只会无休止地挑剔，例如，动不动就责怪自己的丈夫没本事，要么就是他为什么写不出畅销书、得不到一个好职位……娶了个这样的女人，做丈夫的怎能不垂头丧气！"

对男人来说，一个女人爱唠叨挑剔，比奢侈浪费更为不幸。当然不做家务和行为不检点，也将增加婚姻的痛苦。关于这一点，你不必马上同意我的话，先听听专家怎么说吧。

心理专家路易斯·M·特曼博士进行过详细的婚后生活调

查，对象是 1500 对夫妇。结果发现，被丈夫们认为是妻子最严重的缺点是：唠叨挑剔！盖洛普民意测验得出的结果也与此相同，男人把唠叨挑剔列为女性最严重的缺点。詹森性情分析是著名的科学研究机构，它的研究也证实，唠叨与挑剔比其他恶习给家庭生活带来的伤害更大。

不幸的是，好像从穴居时代以来，太太们就竭力使用唠叨和挑剔来左右自己的丈夫。相传苏格拉底躲在雅典的树下苦思哲理，大部分的时间是为了逃避他那脾气暴躁的太太；亚伯拉罕·林肯和法国皇帝拿破仑三世，这些杰出的大人物都饱受妻子的唠叨之苦，奥古斯都·恺撒因为实在"无法忍受那暴躁的脾气"而和他的第二任妻子离婚。

虽然至今仍有许多女人以这种方式来改造丈夫，但是，这种方法自古以来就没有取得过什么好效果。

我有一位老朋友说，他所做过的每一件工作都受到太太的轻视和嘲笑，他的太太几乎毁了他的事业。他开始从事推销时，他对此很热心，而且喜欢自己的产品。

每天晚上回到家，本想得到一些鼓励，但是他太太总以这样的话来报答他："好哇，我们了不起的天才，生意很好吧？我想你一定知道，房租下个星期到期了。你是带回来了数不清的佣金，还是只带回来经理的一顿训呢？"

尽管不时受着太太的冷嘲热讽，这几年来，他还是努力不懈，现在已经成为一家著名公司的执行副总裁了。那么他的太太呢？噢！他们已经离婚了。他后来娶了一位年轻女孩，她能够给他以关爱和支持，这是他无法从第一位妻子那里得到的。

其实，他的第一位夫人并不知道为什么丈夫抛弃了自己，她说："我这些年吃尽了苦，省吃俭用……如今他不再需要我替他做牛做马了，就找了个年轻人。男人都是这样毫无良心！"

如果我们对她说，她丈夫离开她的原因并不是另外的女人，而是因为自己的唠叨挑剔，这位女士想必不会同意。但是，她丈夫之所以离开她，的确是由于这个原因。而且，她的唠叨挑剔是以一种轻蔑的方式表现出来的，一个男人无法忍受其自尊受到这样的打击和折磨，男人认为有能力养家的自尊被她打垮了。

我另一位老友的儿子也有同样的经验。他从事广告事业，是个二十多岁的青年。因为激烈的竞争，他渴望安慰和体谅，以此来维持斗志。但是他太太却是一个十分好强的人，她对丈夫的动作缓慢、手腕不灵活感到很不耐烦。由于经常遭到太太的嘲笑和指责，他变得意志消沉。

他亲口告诉我，他太太已经把他的自信心完全腐蚀掉了，一点一滴地如滴水穿石，他开始对自己的工作没有信心，感到难以施展开来。后来他失去了工作，不久妻子就跟他离了婚。离婚后，他像一个生过病的人逐渐恢复健康一样，又渐渐地恢复了失去的自信。

　　这种唠叨挑剔最具伤害性的方式，就是动辄拿丈夫与他人相比："你为什么赚不到大钱？你看人家比尔·史密斯已经升了两级，你却还在原地不动！""哥哥能够给嫂子买毛皮大衣，那是人家知道怎么赚钱呀，你有那个本事吗？""要是我不是嫁给了你，而是赫伯特，现在不定过得多舒服！"试问哪一句不是一把利刃？

　　凡是愚蠢残酷的女人，都嗜用这些手段：诉苦、抱怨、比较、冷嘲热讽、喋喋不休……她们不是专精其一，就是兼而有之。这些本领就像麻醉剂，它是习惯养成的，既学不来，也改不掉。

　　假如一个20岁的女人经常这样唠叨："什么时候，咱们也能住进麦金家那样的新房子呢？"那么，当她40岁的时候，必定变成一个凡事都不满足的令人憎恶的抱怨专家。

　　在婚姻生活中，从不吵架的夫妻很少有。对于成熟的人，寻常的争执不会成为负担，也不会导致感情破裂。但是，长期无休无止的唠叨，产生的影响会压垮一个人的进取心。不论一个男人在白天做过什么大事，如果他每天晚上回到家后都面对那个喋喋不休的太太，难保他不会从事业的顶点摔下来。沙姆·W.史蒂文生博士是弗吉尼亚大学教授，他在最近一次演讲中宣称，美国的丈夫们应该享有四大自由：不受唠叨挑剔折磨的自由、不被妻子使唤的自由、免于消化不良的自由，以及在繁忙的工作之后，每天晚上都能够在家舒舒服服地休息的自由。

女人为什么老是对丈夫絮叨不停呢？看来真有不少理由。如果唠叨来自我们身体不健康，应该找医生检查，这样才能帮助我们恢复健康，就如我们的汽车需要经常检查，使它能保持良好的状况一样。长时期的困乏，会转化成唠叨。治疗的方法是找出疲乏的原因，这样才能消除它。

心理学家认为："唠叨经常是由于受到压抑的打击。"性的挫败、爱情的失落、亲戚的生活、对人生的失望，都是典型的打击，常以诉苦唠叨、抱怨的方式发泄出来。对一个人进行心理分析，引导他们发泄出来，做与此有关的事情，是消除压抑的最佳途径。以唠叨的方式发泄，无异于火上浇油。

甚至在法律上，也有将唠叨作为减刑的依据。从瑞典斯德哥尔摩发出的新闻称，瑞典国会通过了一个使人十分惊奇的关于谋杀判罪的修正法案——如果证明被害人是一个酷爱唠叨的人，将不把预期杀人的罪行判成谋杀，而是过失杀人！

还有认为丈夫为了逃避妻子的唠叨，去住客店而不回家应是无罪的，这是乔治亚州最高法院的一个判例。法庭这样说："所罗门王说：'与其住在大厅而受女人的闲气，不如住进阁楼的角落。'"

在英国，有一位法官批准了一个离婚要求，那人的妻子曾与他人私奔。法官把丈夫的赔付从7000元减缩为210元，他解释说："由于他们长年反目，妻子对于丈夫的价值已经大打折扣。"

专栏作家哈·贝尔在纽约的《美国新闻》杂志上曾对此评论："法律明文记载一名妻子的价值因夫妻失和而逐年递减，哪个女人愿意这样呢？这个判例并不很妥当。这种观念一旦形成，只怕会有很多丈夫跑进法院：'我要离婚，法官。但请你免去我要负担的赡养费，因为我老婆和我一向不和，她早已不值一个铜板，我给她自由就很好了。'"

确实，有些男人不仅愿意给他太太恢复自由，而且不惜钱财摆脱她呢！

在最近一期《世界电讯》杂志上面，载有这样的故事：一个50岁的汽修技工雇了三个流氓把自己的太太杀死了。这是为什么？他宣称是因为他的太太一天到晚不停地唠叨，对他十分挑剔。

既然唠叨对于男人的成功有这么大的损害，你是否愿意知道对此可有补救之法？很简单，让那爱唠叨的人了解她所带来的恶果，并且诚心改过。唠叨是一种具有破坏性的心理疾病，只有知道自己患有疾病时，才能进而医治它。

要是你怀疑自己患有此病，请问问你丈夫就知道了！假如他说你是个爱唠叨的人，请不要生气，也不要与他争辩，那样只能证明他的意见正确；相反，你应该立即设法医治此症。以下的六个建议，可能对你将有所帮助。

一、与丈夫及其家人合作

只要你一发牢骚开始喋喋不休，或者开口大骂，就让他们对你罚一些钱。

二、养成什么事只讲一遍，然后就忘掉不提的习惯

如果你必须很不耐烦地提醒丈夫六七次，他曾经答应了要去做某件事情，可现在他想必不会去做的时候，干吗还要白费唇舌呢？这样的唠叨只能使他更加反感，下决心跟你对抗而已。

三、设法通过温和的方式达到你的目的

我们的老祖母常说："要抓苍蝇，甜的东西要比酸的东西更有效。"这话至今还是真理。

"亲爱的，要是你现在去除草，晚上我给你烘你最爱吃的水果饼。"要么："我亲爱的，你把我们的草地修得这么平，真是太令人高兴了——艾伦太太刚才还说，要是她丈夫有你这

样勤快就好了。"以这样的方法，将更容易达到你的愿望。

四、要尽量做到轻松幽默

幽默是使你常保愉悦心情的好方法。虽然在悲伤的场合面带笑容肯定有点傻里傻气，可是把一些小事情都当成悲剧的话，你早晚会精神崩溃。有的太太竟然在催促丈夫去拿浴巾时，也大动肝火，仿佛这事如同麦克白夫人唆使她的丈夫去谋杀国王一般严重，或者是像拉雪尔在哀悼自己的孩子。

只要这个女人还有理智，就不会为一件便宜的衣裳支付法国进口货的价钱。但是在我们的生活之中，却有人常常紧绷着脸，为了一些无足轻重的小事而制造出不必要的怨恨。

五、在讨论一些并不愉快的事情时，要保持冷静

对那些不太愉快的事情，最好是写在纸上。等你们情绪冷静以后，再拿出来看。这时，如果这件事情并没有什么要紧，你一定会丢开，不好意思再提它们。不然，干脆把心事讲出来同丈夫理智地商量，也许你们能够利用彼此的信任和合作共谋解决之法。

六、如果你不唠叨就能实现自己的愿望，应该感到骄傲

学习有关人际关系的艺术，巧妙地给人以激励，而不是勉强他去做你想让他做的事。查尔斯·史考伯认为这才是驾驭男人的秘诀。不错，有人付他100万美元的年薪！正因为他有这

种能力。

有一首歌这样唱道——你无法用枪获得一个男人；同样，用唠叨也不能折服他。那样只会挫败他的意志，使你自己的幸福毁灭而已。

做个可人的"小女人"

作家 E.J. 哈地曾写到，新西兰某墓地有这样一块旧墓碑，上面刻着一个女孩子的名字以及这样一句话："她多么温柔可爱呀！"

不知道你对这句话有什么感受，我觉得没有比这更好的碑文了。这位丈夫在妻子的墓碑上刻上这句话，他必定会拥有无数的回忆：每当他跨进家门的时候，迎接他的是妻子微笑的面孔，桌上摆着热腾腾的饭菜，她会附和他风趣的话，整个家庭洋溢在爱与温馨的气氛之中。

做一个温柔可爱的妻子，和拥有一个成功的丈夫，似乎是很难分开的。专家认为，如果太太能够使男人幸福快乐，就能大大提高他在事业上的成功率。

令人惊讶的是，许多热爱丈夫的女人却不知怎样使丈夫得到快乐和幸福。虽然她们心中洋溢着爱意，但她们却做些有害的事情：该静听丈夫的倾诉时，她们却喋喋不休；该送丈夫外出时，却像水蛭似的缠着不放；操办家务，只会像军事教官一样下命令。

尽管要使男人喜欢自己并不很困难，不过，也得有举办一个舞会那样的机灵、动脑筋，愿意尽力去安排，而不是像一些女人那样，把时间都花费在装扮自己上面。

当然，我不是说不应该打扮得迷人些。往往是我们太在意装扮自己的外表，而忘记了表露我们的内心关怀。学会博取丈夫欢心的艺术，这样的女人不必愁失去青春之后丈夫会变心。

如何使老板喜欢自己，这是第一流女秘书所必备的技能。她分析老板的性格，掌握他的喜怒好恶，同时很清楚适宜于他的工作环境。为了使老板觉得更舒服，她会改变自己的习惯，牺牲一些个人的爱好。如果老板不喜欢这样的颜色，她就会改用无色透明的指甲油。

做男人的妻子，也可以向从事秘书工作的人学习一些智慧。我们为丈夫所做的努力总不会逊于女秘书对我们的丈夫的服务。

最令人称道的美满家庭，都是那些妻子能够学习到使丈夫快乐的方法并且付诸实践。

总统夫人爱莉娜·罗斯福在我访问她时告诉我，她丈夫外出巡回演讲的时候，她总喜欢安排一个儿女随行，这使总统十分高兴，可以帮助他在工作压力下放松自己。罗斯福夫人说，孩子们一般是轮流陪父母外出旅行，差不多两个星期换一个："我们常常有说有笑很开心，这样使旅行带有家庭乐趣，使我丈夫的工作负担变得轻松了。"

另一位总统艾森豪威尔夫人说，一个女人的一件很重要的工作，就是记住那些能为别人创造幸福的小事。

这些所谓的小事也许并非小事情。哲人特斐说过："能够忍受小牺牲，就能得到良好的习惯。"这也是美满婚姻的秘诀。一个妻子能够牺牲一些自己的爱好，通常，所得的报偿和所做的牺牲比起来是很值得的。

家住纽约81街219号的奥·卡布尔夫人，对上面的话深信不疑。她的丈夫约瑟莱·卡布尔先生是古巴外交官，还是国际著名的西洋棋冠军。卡布尔先生为人聪明、灵巧，处处受人欢迎。但是他又是一个固执己见的人，如同所有出类拔萃的男人一样。

但是，他们的婚姻生活却相当幸福，因为奥·卡布尔夫人主动地放弃了自己原本执着的成见，来博取他的欢心！也因为他们周围洋溢着爱情、浪漫情怀和相互尊重。

她是如何创造这个奇迹的呢？不过是甘于一些"小牺牲"而已。卡布尔先生情绪低落时往往一句话也不说，这时，她不会喋喋不休地惹他生气，而是让他独自思考。虽然她喜欢跳舞，但丈夫却喜欢清静独处，于是她便放弃许多社交聚会。要是丈夫不喜欢她身上的衣服，她会马上换上一件他所喜爱的。

她丈夫喜爱哲学和历史书籍，可是她只喜欢一些轻松愉快的刊物。然而，为了"跟上他的思想，成为他投机的谈话对象"，就像她告诉我的那样，她还是努力去读丈夫所喜爱的书。

她丈夫是否因此而感激她呢？请你听听以下的故事吧。卡布尔先生本来认为送礼物是一件毫无意义的滑稽事。但是有一年的情人节，他却像小学生似的红着脸，送给太太一大盒巧克力。这是他对心爱的妻子刻意表示的关心，这个只讲理智的丈夫，为她竟会做出这样浪漫的事情，她高兴万分。看到她如此高兴，丈夫也很得意。

此后，这位理智先生最大的乐趣之一，就是给太太送礼。有一次，他请人加班两个小时，把一小瓶香水包装在一堆大小不同的盒子里面，目的是为了看他太太打开这些盒子时脸上的表情。难怪他们的婚姻是如此美满！因为卡布尔太太为了她先生的幸福是如此费心，而她的先生也在回报她的爱心。

就像卡布尔太太那样，给自己丈夫带来幸福的妻子，同样会从丈夫那儿获得幸福。伟大的狄斯雷夫人也是如此，她常常满怀感激地对朋友们说："因为丈夫的关怀体贴，我一生都很幸福。"

　　想使男人感到幸福，只需使他感到舒适，并且让他去做他必须做的事情。换句话说，就是依照丈夫的需要来改变自己的个性。当然，无论如何关键在于使他感到快乐幸福，这样你就为他的事业成功做了最大的贡献。

　　或许，在四五十年以后，他也会这样说："她是一个多么温柔可爱的人！"

增强丈夫对你的信赖

1950年12月，皮尔·琼斯决定自杀，从芝加哥的一个五楼顶跳下来，因为他感到忧郁和害怕。由于急于扩展，他那曾经兴盛的事业陷入危机之中，他的支票在银行里无法正常兑现，他正面临债权人的催逼。最糟糕的是，他没勇气告诉太太这场灾难。他的成就一向是他太太的骄傲，他感到害怕，这个残酷的事件，将会把她从天堂打入羞辱绝望的深渊之中。

就这样，他被自己的困境逼到了仓库的屋顶。他稍微犹豫了一下，就跳了下去。他撞破二楼窗台上的遮阳篷，跌到人行道上面。如此看来，他是彻底完蛋了。但是，令人难以置信的是，他只摔破了一只大拇指的指甲！更有意思的是，他撞破的那个遮阳篷，是唯一付清了款，属于他自己的财产。

他清醒过来时，十分庆幸地发觉自己还活着。他从前的所有麻烦都被这个奇迹冲散了。在几分钟前，他还感到自己的生命毫无价值，现在却为还活着而感谢上帝。他立即跑回家，把事情告诉太太。

他的太太当然很惊慌，但那是因为他从来没有把自己的麻烦告诉她。很快，她平静地坐了下来，开始为解除他的危机想办法。皮尔·琼斯现在可以放松心情，进行一些具有建设性的积极思考了，这是几个月以来所没有过的。

在他稳定的脚步下，皮尔·琼斯付清了所有的欠债，现在又拥有了自己成功的事业。重要的是，他学会了同太太一起面对生活的困难。很可能，当时皮尔·琼斯只是因为不知道太太能和他一同渡过难关，才决定自杀的吧。

这个故事是真人真事，它表明要是丈夫对自己的太太缺乏信任，其责任不完全在太太身上。

有些男人和这个皮尔·琼斯一样，认为让太太为自己的事业操心有伤男人的自尊。他们想成为一个这样的大男人：永远只带给太太美好的东西，他们带回家的始终是成功的荣耀和上等的毛皮大衣。

一旦事与愿违，他们就想方设法隐瞒事实，以免他太太的小脑袋里装满惊慌和不安。他们以承认自己的弱点为耻，他们没有想到，真正聪明的做法是同太太一起来面对这些难题。

不过，更常见的现象是一些男人非常渴望向太太倾诉他们的困扰,但他们的太太却不愿意听,或者不知道怎样去听。

《福星》杂志1951年秋季版,发表了一篇《现代企业家夫人评论》的研究报告。其中引述了一个心理学家的话,他说:"一个妻子能做的最重要的一件事,就是让先生将办公室里难以发泄的苦恼向她倾吐。"

那些被评赞为"安定剂""共鸣板""哭墙"和"加油站"的女人,就是指能够尽到这个职责的妻子。

这个调查报告同时还指出,男人们需要的不是劝告,他们要的是积极、灵巧的倾听!

只要是曾在外工作过的男人,都会有此体验,无论当天发生的事情是好是坏,只要回到家里能找个人倾诉一番,都是很好的安慰。因为在办公室,人们并不是常有机会表露自己的意见。

就算是事情很顺利,我们也不会在那里畅快高歌;要是我们碰上了麻烦事,同事们也没心思听你讲这些,他们自己已有太多的困扰。结果呢,当我们一迈进家门,就有一种把自己内心的积郁一吐为快的愿望。

通常是这样的情形:杰克欢呼雀跃地跑回家来,上气不接下气地说开了:"老天爷!我说梅,今天真是个伟大的日子!他们把我叫进董事会,要我就我写的那份区域报告向他们进行讲解,还要我说出自己的建议,所以……"

"真是这样吗？"梅心不在焉地说，"亲爱的，那可好极了！我是不是告诉你了早上有个人来修理火炉？他说有些地方应该换新的了。等吃完饭，你过去看一看！"

"那当然了，我亲爱的。噢，我刚才是说，老苏洛克蒙顿要我向董事会做出说明。开始我太紧张，不过还算幸运！我引起了他们的注意。甚至连比理斯都激动起来了。他……"

梅说道："我说嘛，他们还不够了解你，对你也不够重视。杰克，你得跟儿子谈谈他的学习！今年，这孩子的成绩太差了，老师说只要他肯用心的话，一定能念好。可是，我实在没有什么好法子了！"

这时候，杰克发现在这场争夺发言权的战争中，他已经失败了。于是，他只能将他的洋洋自得和着酱牛肉一起吞进肚子里去，然后去完成关于火炉和儿子学习的任务。

难道梅是这样的自私，只满足于自己的问题有人听吗？不，其实她和杰克一样，都有找个听众的基本要求，只是很可惜，她把时间弄错了。其实，只要她认真听完杰克在董事会里得到的赏识，杰克就会非常乐意听她谈家务事了。

那些善于倾听的女人，不仅给了自己的先生最大的宽慰和疏导，同时也拥有了一份难以估价的社会资产。一个真诚、沉着的女人在和他人的谈话时能专注投入，并不断地适时发问，显示出她已经领会了谈话中的每个字，这样的女孩子在社会上是很容易成功的，不仅在她先生和朋友之间能取得成功，而且在她自己的女士群中也会大受欢迎。

狄克·杜摩里是一个才华横溢的人，他这样描述一个懂得礼貌的男人："即使是一个门外汉在他的面前吹嘘他最清楚的事情，他也会饶有兴趣地倾听。"这个原则也适合于女人。当然，有时候一些人唠唠叨叨地没个完，也会把善于倾听的人搞得很厌烦。不过，通常情况下，灵巧的倾听都会获得许多有用的知识。

在《纽约前锋论坛报》的一篇文章里，女演员玛娜·罗伊写到，当她接任联合国教科文组织代表的工作后，她的口号就是"听讲和学习"。与那些来自不同国家的代表们交谈，大大增加了她对这些国家的了解。

罗伊小姐说："有很多的时候，你必须克制自己想开口的冲动，或者忍受无聊的话题。但我觉得被认为是一个好的听众，总比喋喋不休地令人生厌要聪明得多！"

那么，怎样才能成为一个真正的"好听众"呢？一个好听众至少要做到下列三件事，也就是必须具有三个条件：

一、不只用耳朵，而是用眼睛、面容及整个身体

所谓"专心"，其意思是指全部机能的集中。想想看吧，

你要是对那些眼睛东张西望，手指散漫地敲着椅子，并且把身子斜对着你的人讲述事情会是什么样的滋味！要是真的热心地听人说话，我们就会身子稍微前倾，望着他的面孔，脸部的表情也会有相应的反应。

玛丽·威尔森是一个公认的极有魅力的人物。她说："要是听众没有反应的话，没有人能把话讲好。所以，如果你被说话者打动了，就应该有所表示——就如你的心弦被震动了，你就该稍微动一下身体。"

如果想要成为一个好听众，首先要显得我们对谈话很感兴趣，因此，必须训练我们的身体，使它表现得灵活机敏。你是否注意到那些在洞外守候老鼠的猫的表情是多么动人，它就是最好的老师。

二、用询问来诱导对方答话

所谓用询问来诱导对方答话，是一种把自己所期待的回答，巧妙地暗示给对方的技巧。如果直截了当地询问，有时候会显得莽撞无礼，惹人嫌恶，但诱导性的问话却能够激励对方，继续推动谈话。

单刀直入的问法是："对于劳工和主管的问题，你将怎样处理？"

诱导性的问法则是："史密斯先生，您不觉得让劳工和主管在某些范围，相互之间取得谅解是很可能的吗？"

任何一个想要成为好听众的人，都必须掌握富有诱导性的问话技巧。要是你想聆听丈夫的谈话，而且并不直接提出他所不想要的劝告，这种技巧会帮助你达到目的。我们只需要这样来发问："亲爱的！你看扩大广告量是一种增加销量的尝试，还是一种冒险的尝试呢？"这样的询问并没有提出正面的劝告，但常会收到想要的结果。

在面对一个陌生人的时候，正确的发问能够克服羞怯心理，并且打破沉闷的场面。不论是谈论足球、天气，或者某人的疾病，总不如打开话匣子谈自己的想法来得投入，因为一个话题可以引导出另一个话题。

三、永远别忘记要保守秘密

有一些男人不愿意和妻子谈事业问题，其原因在于：他们不信任自己的太太，因为她很可能在不经意之间，就把这些事泄露给了朋友或美容院的人。他们随意讲给太太听的每一件事，一进入她们的耳朵就会从嘴巴里出来。

"等到维基先生退休之后，我家约翰希望他能坐上经理的位子。"这样的话在桥牌桌上随意溜出了口，不想第二天维基的太太就从电话里知道了——结果约翰就在莫名其妙的情况之下，被暗中挤掉了。

曾经有一个总经理对我说过，他把公司的事情和家人谈论，不想竟然会在他的部属中间流传开来，结果使他们丧失了信心。

"我可不想在超市或酒会里谈公事。女人们真是太多嘴了！"

甚至还有一些女人，喜欢在争论中搬出丈夫说过的话来打击他！

"现在可好，你说我买衣服浪费太多钱，就只我一个人奢侈吗？'我们不能因为一纸婚约，就买下那些过量而不必要的剩余物品。'这难道不是你自己亲口说的？"

只要这样的场面发生几次，她先生就不会在她的面前谈自己业务上的困扰了。因为她的先生终于看清楚一个事实：自己不过是授予了太太一些打倒自己的把柄而已！

可见，如果一个妻子想成为一个善解人意、善于倾听的人，她其实并不必去探听丈夫每一个细微之事。只要妻子能时时关心他，对他的工作感兴趣，并在发生困难的时候给予支持，做丈夫的就心满意足了。

我认识的一个会计师，他的女人对于会计简直是一窍不通。但是，这个朋友却说："我什么都可以对她说，甚至公司里的技巧性问题都可以跟她说个痛快，而且她好像完全能够领悟似的。我知道一回到家里，在她的身边坐下，她将会耐心地听我讲述这些事情，这是多么奇妙而幸福啊！"

确实是这样，如果一个女人有一双敏感且训练有素的耳朵，她将会更加可爱，将使她的脸孔比特洛伊城的海伦还要美丽，而且她的丈夫也会从中得到莫大的益处。

下面列出可以使你成为一个好听众的三个条件：

1. 用脸部表情和身体语言来表达出你在倾听对方的话。
2. 适时提出得当的询问。
3. 为了不失去丈夫对你的信赖，永远记住要保守秘密。

和他的女秘书愉快相处

如果说母亲是女孩子最亲密的朋友，那么女秘书就可谓男人最亲切的伙伴了。一个好的秘书会努力维护老板的利益，设法使老板的工作更加顺畅。同时，她既有许多做不完的琐事，还要照顾老板的情绪，使他保持心情舒畅。

一个女秘书的工作，有时会包括从削铅笔头到接待来客，以至于兼做业务经纪人。美国企业界那些璀璨的巨星，要是没有女秘书的周到服务，大概不会运转得这么顺畅吧。

毫无疑问，一个好的秘书是男人事业成功不可或缺的帮手，那么，这种说法对一个尽心尽职的妻子有什么意义呢？它意味着这样一个事实：一个妻子和女秘书有共同的目标，就是使那个男人的事业更加成功，对于他事业的成功，她们都同样深为关切。因此，要是她们不是互相对立，而是能够相互合作、共同携手的话，她们的共同目标就能收到事半功倍的效果。

可是不幸得很，事实上妻子和女秘书常常是互相敌对的。要么一方暗中猜忌，要么是双方都为对方的影响而嫉妒在心。女秘书也许会觉得做妻子的自私自利，多管闲事；而做妻子的，也常常埋怨丈夫对秘书过于依赖。

我身为人妻，也当过女秘书。因此，对两方面的意见同样看重。但就我的经验而言，要维护好这样一种关系，妻子的态度尤为重要。因为，秘书为了能够保住自己的职位，自然希望和每个人都能融洽相处。

在对此有所了解之后，我们这些做妻子的就应该设法减少与丈夫的女秘书之间的摩擦，建立友善的关系，共同合作。下面是几点可以遵循的原则。

一、不要心生疑忌

女秘书对老板的欣赏，通常情况下是理智的。我们固然认为自己的丈夫是个有魅力的人，但这并不意味着女秘书会把他当成爱情的目标。我认识的女秘书很多，但喜欢抢夺别人丈夫的女秘书只看过一个！而这个人就是喜欢干这种事情，与她所从事的职业并不相关。

当由于业务上需要，丈夫不得不加班的时候，妻子的体谅就更为重要了。她应该相信自己的丈夫和他的女秘书并不是跑到夜总会取乐去了，而是在办公室里绞尽脑汁地工作。对此做妻子的应该感到庆幸,因为丈夫不是独自一人工作,还有女秘书和他在一起,适当的时候,会有人提醒他该吃饭休息。

二、不必嫉妒或轻视

女孩子在外面工作,打扮得漂亮点,完全是由于业务的需要。做妻子的也可以打扮得漂亮些,如果她们愿意的话。通常,她们花费在自己装饰上的时间和金钱要更多些。所以与其对女秘书心怀嫉妒,不如自己也打扮得漂亮动人。

正常的男人一般都喜欢漂亮的女孩,而不会欣赏一个缺乏魅力的女秘书。在一个温馨的环境里工作,这种欲望是极为正常的,这并不是贪婪好色。一个美丽的女孩,就如一瓶鲜艳的花束,能够使满屋生辉。

有的太太对女秘书的工作很是嫉妒。认为她们太舒服了,整天打扮得花枝招展,舒舒服服地坐在办公室里,什么事也不干,只会对男人撒娇,居然还领取高额薪水!

可是,这些太太们大概不知道,大多数女秘书都是非常羡慕太太的!在外面工作的女人,绝大多数都希望能够成为家庭主妇,相夫教子。再进一步说吧,当女秘书其实并不容易!一个称职的女秘书必须像家庭主妇那样辛勤工作,却无法得到像家庭主妇那样的报偿。

三、不要勉强女秘书替自己跑腿

老板的夫人不要勉强女秘书去为自己跑腿，比如在吃午饭的时候要她去买一卷丝线或者去排队为自己买戏票诸如此类的杂务。女秘书不好意思拒绝，但是，她为此牺牲掉在一天的繁忙之中仅有的一段休息时间，心里肯定不太情愿的。

由于领取薪水，女秘书通常要为老板办一些私事，例如帮老板选购礼物、安排业务上的应酬、为旅行预订房间等等。但是，她们的工作并不包括也替老板太太做此等服务，除非老板特别要求她去做。

四、绝对不可以傲慢和刻薄奚落女秘书

有一些女人的脑筋还很陈旧，仍然抱着那种"我是太太，你只是用人"的观念，她们老是找机会奚落丈夫的女秘书，以显示自己的尊贵地位。这种空摆架子的太太一定不如女秘书有教养，而且肯定没有女秘书受欢迎。

有的女秘书自尊心很强，这样刻薄的行为会对她产生伤害。那些太太们应该按照《圣经》的条律，反省自己的态度。她可以设想一下自己是个女秘书，希望别人怎样对待自己，那么同样就以这种态度对待丈夫的女秘书。

五、对女秘书的额外帮忙要表示谢意

无论是谁帮忙做了事,都希望听到感谢和赞赏,女秘书也一样。虽然老板夫人并没有特别委托,女秘书也会时不时地帮她办一些事情。我丈夫的女秘书就是这样,她经常在我们度假的时候替我们预订房间,还帮我们预订戏票,为我们在餐馆预订位置。她将这些事情作为她工作的一部分,因此,我得到了许多便利。

女秘书也是个普通人,当然也愿意受人赞赏。一些很小的事情就能够表达我们的谢意,比如一个致谢的电话、一件细心挑选的礼物等等。

既然这些秘书能使得公司业务顺利进行,那么和她们保持良好关系,这是我们为丈夫提供帮助的一个重要的方法。

我有一个朋友,她丈夫在一家房地产公司当会计主任,当他需要处理很麻烦的事情时,女秘书就会给她打来电话:"太太,我想告诉您,政府税务人员整天都在我们这儿。我们要整理账目,这四五天我们会很忙。所以我提醒您,白兰克先生现在的工作压力很大,请为他准备三明治和咖啡。"

于是,当白兰克先生回家的时候,就会受到太太的特别照料。这段时间,她谢绝了所有社交应酬,精心为她的先生准备食物,并且以百般的体贴陪伴他度过这段日子。

这种对先生的特殊照料，确实不是随时都有的，也并非随时都需要，但就这对夫妇的情形而言，真是配合得太好了。这是由于白兰克太太和女秘书都有同样的认识，她们俩都是在协助白兰克先生工作，在这方面她们是盟友。

当然，有些女人从没有和丈夫的女秘书认识的机会。但是大部分妻子迟早都会和丈夫的女秘书接触。那时，我们对她们的态度就会暴露无遗。下面五个规则可以帮助我们和丈夫的女秘书愉快相处：

1. 不要无事乱猜疑。
2. 不要嫉妒或轻视女秘书。
3. 不要勉强她们给自己办事。
4. 不可在女秘书面前刻意摆架子。
5. 对她的帮助要表示感谢。

用心维护丈夫的形象

你对丈夫的态度,常常会影响别人对你丈夫的印象。

不久前,我给本地一家商店打电话询问电器冷却系统的事情,接电话的是经销商的太太,她回答了我想知道的事情,接着说道:"对于冷却系统,我只略知一二,我丈夫才是真正的专家。要是你需要他上门服务,他就能够向你推荐你所需要的送风机。"

我因此而对她的先生十分信服,当这位男士到我家来的时候,所做的只是看看,而他希望的交易就完成了。

这件事可以说明一个情况:一个聪明伶俐的妻子,胜过任何宣传员。

道西·狄克斯写道:"我们时常有这样的感觉,我们之所以会认为史密斯是个高明的医师,认为约翰先生是个大人物,完全是由于他们的夫人是这样告诉我们的。"

人确实有这样的倾向：人家说他是这样的，他真就变成这个样子了。于是你经常对孩子说他没用，他很快会比以前更加愚笨；如果夸奖他很懂规矩，他会更守规矩。大人也是如此，如果在你心目中他将是一个成功者，那么他在无意间就会表现出创造的能力。

有些专业人士的太太，尤其善于为她们丈夫的特长制造深刻的有利印象。她们会十分委屈地说："我们原来是要参加这次舞会的。可是威廉刚好在今天接受了那个有名的詹姆斯商行提出的诉讼案件……"或是平平淡淡地说："下个星期要在这里举行医师协会，鲍伯要发表演讲。他真是太忙了，连我都没有机会和他在一起……"

在这样的情形下，这样的女人会用几句简单的话，给他人留下一个深刻的印象，不知有多少病人或诉讼者在等着她那才华横溢的丈夫，使得除非她用球棒将她丈夫追回来，不然他根本无法喘一口气。

优雅的男人自然不会自夸，不过由妻子来为他吹嘘，只要做得巧妙，是很有益处的。

有一回，在一个舞会上我遇到自己最喜爱的演员安东尼·艾伯特夫妇。我只是在戏剧、电影、电视上看过安东尼，除此之外，并没有特别的印象。

那天,他妻子对我讲了他年轻时代的故事,比如他当年在伦敦老维多利亚戏院的经历,在那里他曾经与很多名伶出演莎士比亚戏剧等事情。我听后十分感激她,因为这些有关他的故事是不容易了解到的。同时,这也使我对他的才华怀有更高的敬意。

舞星罗曼·亚辛斯基与女舞蹈演员莫莎琳·罗琴结为连理。一年前,这对夫妇组织了一个歌舞团在各地巡回公演。我和莫莎琳早就相识,一次,我问她对旅行公演有什么感想,她回答道:"非常好,你知道的,我丈夫常想自己经营公司,我想将来他会实现这个理想。他现在做得好极了,不只跳舞,还要兼任导演和歌舞团的管理。"

杰出的演艺人员大多不善于经营。既然他妻子说他有这种能力,无形之中就给他增添了不少光彩。

可见,对一个经营事业的男人而言,妻子的巧妙宣传是多么重要!芝加哥律师协会会长柯西曼·毕莎尔在芝加哥青商会集会上告诉会员们,不要低估太太在帮助自己事业上的能力。对于那些未来的董事们他提出这样的忠告:"尽量博得你妻子的欢心吧。只要她能够做得恰到好处,她将是你最忠心的推销员,用你难以学到的巧妙方法夸奖你。"

确实如此!这样的妻子不但能够使别人注意她丈夫的优点,

而且还能够将丈夫的缺点降到最低的限度。

每个人都难免有不完美的地方。拜伦是跛子；贝多芬耳聋；拿破仑畏惧当众讲话；就连勇猛无比的英雄阿喀琉斯，脚踝上也有一处致命伤。

可是问题在于，女人的缺点只会对其在家庭和社交中的声望产生影响，而男人的缺点就很严重了，它往往使其一生处于不利地位。

比如说，在社交场合，每一个人都知道记住他人的名字和长相很要紧，但他们又都抱怨这太困难。因此，妻子与其责怪他记忆力不好，不如自己记住这些名字，以便在丈夫一时想不起的时候适时给他一个帮助。

我丈夫也是个大忙人，因此也和别人一样老是记不住他人的名字，我们对此想出一个补救的措施，如果我们将要和很多人会面，就由我来记好他们的名字，再来训练他。具体方法是这样的：我在谈话中尽量重复这些人的名字给他听。比如说："哎，你最近去过鲁宾孙夫人那儿吗？你没有忘记鲁宾孙夫人吧，就是她曾经对我说起雷·路易斯的事情。"

虽然这是些小技巧，但是能够使丈夫不至于陷入窘境。要想做到这一点，你自己必须做到听到一个人的名字就尽量记住不忘。既然我们比丈夫有更多时间，应该不难办到。只要你愿意这样做，同时多加练习，任何一位妻子都能成为丈夫的"存储器"。

只要妻子能够下功夫，她必定能够改造好丈夫，即使他没有受过较好的培养。在那些大人物中，有不少是年轻的时候在贤妻的协助下获得成功的。据说，约翰逊总统本来是个文盲，结婚之后才由妻子教会读书和写字。

由于现代生活要求人们投入过分专业性的研究，所以很多人对其他事情无暇关心。如果这样一位先生有一位好妻子，能够在朋友们谈起文学、音乐之类的话题时对答如流，将会多么令人欣慰！

人越谦逊越好，固然如此。不过一旦流于自卑就会造成相反的后果，使人信以为真而把自己当作一个微不足道的人。

要想避免这种危险的后果，以下三点可供参照：

1. 不断提醒他曾经成功完成的事情。
2. 利用各种机会让他发言，发表自己的意见。
3. 与那些能够和他交流并欣赏他的朋友交往。

虽然你丈夫的内在价值并不在于他所带给他人的印象，不过，正是这些印象决定了别人对你丈夫的看法。因此，帮助你的丈夫给人留下良好的印象，就是你的义务。

SEVEN

不要遗失你的交际圈

不要为了爱情放弃全世界!
当你把他当作你的整个世界时,
你便会离你的世界越来越远。
爱情、亲情与友情是共存的,
给自己与他留一个舒适的距离。

如何获取真正的友谊

当我 15 岁的时候,还是个爱做梦的小女孩,我常常想:总有一天我会写出全美国最伟大的小说。于是就开始梦想,似乎我已看见周日报纸上如潮的好评,听见掌声不断响起,闻到香火味袅袅传来。我设计到巴黎时应该穿什么衣服,我得意人们到处引用我的文字,我所到之处总有人追随、敬仰。

但是,我就是没想过创作必须以血、泪、汗水和辛劳来换取。我梦想的天堂只有荣耀,没有荣耀背后的付出。

所以,你们不可能在美国伟大作家的名录里发现我的名字。我已渐渐领悟,伟大的书都是由只顾埋头写作而不图回报的人创作出来的。

年轻时,我有一种愚蠢的心态:渴望友情却又只限于与人保持一种满意的关系。我这种心态能与许多人达成共识:想要别人对自己感兴趣,却不肯花精力让自己被人接受。

在我的有关妇女人格发展的课程当中,我发现许多人都很自卑,总是想:"我过于害羞和胆小了,不能吸引别人的注意。""看起来没有人对我发生兴趣。""人家不渴望认识我。"

哦,人家凭什么对你感兴趣?世上没有人非要喜欢别人不可。无论是做生意还是在社会交往中,如果我们拿不出别人想要的东西,就没有任何理由让别人主动找到我们。

孔子曾经说过:"不患人之不己知,患不知人也。"

要想赢得别人的友情,我们就必须甩掉担心人家是否会喜欢我们的包袱,尽力发掘那些能激发别人赏识我们的基本态度和素质。

玛丽安·安德森曾经对她生命早期的某阶段进行过感人的描述,那段日子里,她被失败感和颓丧的心情所笼罩,觉得自己永远不能再唱歌了。经过一番祈祷和对心灵的探索之后,她慢慢地找回了继续奋斗的信心和勇气。一天,狂喜之下,她对母亲说:

"我想要歌唱!我希望大家都爱我!我渴望追求完美!"

她的母亲却说:"这是个伟大的目标。但是在这个世界上,主是最完美的,却并没有赢得每一个人的爱。恩宠永远位于伟大之前。"

母亲的话深深地刻进安德森的心里。她重新开始了歌唱事业，并为达到完美奋斗不止，而不是只停留在空想的阶段，"恩宠先于伟大"。

好莱坞的 J. 艾伦·布恩是著名的喜剧片《狗明星强心》的主演，他在观察强心表演的过程中学到了不少东西，因而他又为此写了一本名叫《给强心的信》的畅销书。

据布恩先生介绍，强心是一只很了不起的狗，总是欣然地执行他的命令，在电影中表演为剧情所需的各种动作。难得的是它这么做，从来不是为了得到报酬，而是出于爱和享受把事情做好而带来的快乐。有好几次，强心都曾纯粹是为了自身的乐趣而表演。这也许正是它能成为电影明星的原因。

布恩先生还曾谈到有一次他面对一个跳舞的年轻女孩，她第一次试跳的时候，紧张得像新娘出嫁，怕自己会失败。于是他安慰她："不要在乎结果，只当是纯粹为了享受跳舞的乐趣而跳，为了上帝而跳吧。"

很快，她的心态来了个彻底的转变。

同理，获得友谊的全部秘诀也在于不要担心结果，不要在意别人是否会喜欢我们，现在就着手去做所有能激发爱和友情的事。在这方面，威廉·奥斯勒爵士的话很值得我们思索，他说："我们应该做的不是张望缥缈的未来，而是脚踏实地做好眼前的事。"

SEVEN 不要遗失你的交际圈

　　作家荷马·柯罗伊是我丈夫最好的一个朋友。他很有人缘。和他接触过的每一个人，不管是清洁工还是百万富翁，不管男人、女人还是小孩，在与他在一起待15分钟之后都会感受到一种温情。因为他们都感到荷马·柯罗伊能让人迅速知道他是喜欢他们的。

　　小孩子都喜欢跟他亲近，朋友家的用人愿意极力为他施展厨艺。如果主人说："荷马·柯罗伊要来！"没有人会感觉不快。而回到家里，荷马·柯罗伊也深受他太太、女儿和孙子的爱戴。

　　他如此受欢迎的秘诀说起来很简单——那就是真诚地爱别人。这个人是什么身份、做什么工作与他的哲学无关，他们属于人类这个事实本身已经足够。每次与一个陌生人相遇，他都能立即结交上，不是靠标榜自己，而是靠询问那个人的一切——那些听起来很琐碎的问题。他并非琐碎的人，而是因为他确实对每一位新结识的人都感兴趣，真心想了解他们。

　　我曾见过一些倔强的玩世不恭者在经过这种接触之后像见到阳光的花儿一样盛开。这就如同约瑟夫·格洛大使所说："外交的秘诀可以概括为一句话：'我想要喜欢你。'"

　　荷马·柯罗伊从来没有为交朋友的事情烦恼过，他把每一个人都当作朋友，别人是否喜欢他这样，他并不在意，他只会集中心思喜欢别人，而不浪费精力去思考会产生什么样的结果。

一个有经验的推销员懂得对自己能否成功推销产品的担心会给心理造成障碍，这样会影响他适当地介绍他的产品。通用制造公司的董事长哈瑞·布利斯在大学期间靠推销缝纫机为生，他总结说：要想在推销员这个岗位上取得成功，就要忽略自己渴望销售出去的数量，而应该集中心思向客户介绍自己能提供什么样的服务。

如果一个人将精力用在为他人服好务上，就会变得充满难以抗拒的力量。你怎么会拒绝一个企图帮你解决问题的人呢？

"我对推销员们说，"布利斯先生说，"如果他们一天到晚想的都是'我今天要尽力多帮助一些人，而不是'我今天要尽力多卖出一些产品'的话，就会发现接近买主不是那么困难了，然后销售业绩会出奇地好。能够帮助同胞获取快乐、轻松生活的人，是最高级的推销员。"

打高尔夫球时，会有人叮嘱我们不要让眼睛离开球；向成年人传授说话技巧时，我们告诫学生要集中心思在他想要传达的信息上。紧张、害怕都是担心结果的表现，这是不可取的。

我自己就是从吃过的苦头中学到这一点的。我曾经是一个害羞的人，天生不善于公开讲话，要我面对一群听众说话就好比要一个普通人面对国会调查委员会一样费力。

SEVEN 不要遗失你的交际圈

有一次，我让我最好的一个朋友看到了我紧张的样子，因为我将不得不面对一群特别挑剔的听众发表一场演说。"假如他们反对我的看法呢？"我神色紧张地问我的朋友，"假如他们不喜欢我呢？"

"哦，"她说，"他们为什么要喜欢你？你能为他们做什么？你认为自己要告诉他们的很重要吗？"

我说我认为我讲演的内容是很重要的。

"好，"她告诉我，"那你就把想讲的内容讲出来，我没看出这与他们怎么看你有什么关系。只要你把讯息向他们表达清楚，即使他们不喜欢你也无妨。你已经做了该做的事。"

我相信每个人都曾受困于这样一个情结，担心是否被喜欢和被赞美的情绪阻碍自己发挥正常能力。

在国事方面，我们会对别的国家怎么看我们保持敏感，我们以数十亿美元维持与别国的友谊，而在面对那些我们援助过的国家的批评和指责时又会感到伤心和惊异。这样的话，我们国家与那个希望有人喜欢她的可怜的有钱小女孩就没什么两样了。

我没偏离我的主题，我想说的是赢得友谊就像其他任何一种成功一样，必须全力付出，不能靠接受获得。它必须主动赢得，而不是被动吸引。赢得朋友的能力跟善于交际应酬的能力没有关系。它更多的是一种心态，一种面对生活和别人时的态度，一种想要付出的欲望。

《史诺普郡的少年人》这本书的作者 A.E. 霍斯曼，可称得上是英国最伟大的知识分子之一，他是评论家、演讲家和教师。他因敢于蔑视教会的教条和他称之为"宗教民俗"的东西而颇感骄傲。但是，在牛津所做的以"诗名与诗性"为题的演说中，霍斯曼说："我认为人类中最深刻、最真实的话就是：'惜生者必将失生——而为我失生者必将得生。'"

霍斯曼此文主要谈的是艺术和美学，提醒艺术家们要致力于创作，而不要贪图创作可能带来的报偿。这不仅对艺术创作，而且对获得事业上的成功、对赢得友谊、对所有的人类的努力都是确切和中肯的。

我们必须弄清因与果的关系：我们要想获得爱，就必须先付出爱；要赢得友谊，必须先表现出友好；要吸引别人对我们的兴趣，必须先对他人表露出兴趣。

假如为了赢得友谊和真情，我们已经采取了付出而不是接受的态度，那么，接下来，要使这种态度获得实效，就应该把它表现出来。光凭心灵的纯真善良还是远远不够的，因为只有这样，我们才能"观其果而知其因"。

以生活中的夫妻为例。虽然双方的感情不必每日都用言语表达，但是，如果没有一种合适的方式把它表现出来，它就有可能因缺乏滋养而枯萎。我们时常听到有些妻子说她只希望丈夫能偶尔夸赞一下她在一些小事上的贡献！

当然，还有许多其他的能够赢得朋友的表现内在态度的形式，如对他人需要的敏感、慷慨、热心和机敏等等，这些都是内在态度的外在表现。友谊确实是需要经营而取得的。

爱是人类不断取得进步的基础，而我们与他人的关系的状况是我们感情是否成熟的衡量标准。我们必须设身处地地感受他人的感受，必须明白伤害他人的同时我们自己也会受到伤害。

这样我们就能成为心理学上所谓的"神人"，一种与他人的同感，它是成熟的一个基本要素。它是对人类之爱的真实含义的一种领悟，是人们之间感情的契合。它在文明和野蛮之间画出了一道界限。如果我们带着成熟开始与他人交往，就一定能获得友谊。

怎样与男性和谐相处

我最喜欢的一个人是奥格登。在他的献给女婴之父的颂诗中,他慨叹世上某个角落一个男婴正在长大,成为要把他可爱的小女儿娶走的男人。既然大多数可爱女婴的父亲都与他有同样的感想,我们就不妨面对它:对于一个女人,比一辈子迁就男人的任性更可悲的是,没有男人可以让她去迁就。

要知道,世界上有一半的人是男性,所以如何跟男人相处是每个女人都要面临的问题。丈夫、父亲、儿子和女婿,或者老板、顾客、朋友、追求者和色情狂,或者医生、律师、军人和职员,或者屠夫、面包师和工人——女人一生中要接触无数的男人。

既然我们不得不接受男人和女人存在差异的事实,那么作为女人,多考虑一些怎么与男人相处的问题应该不是件坏事。

男人希望女人能为他提供什么?

是舒适！你以为我是从一群喝腻了香槟酒、又老套又落伍的花花公子那儿得来的答案？让我来告诉你：

二战结束时，那些继续留在军中服役的男人接受问卷调查，其中一个问题是："你希望婚姻生活能带给你什么？"几乎所有人都填上同样的答案：不是具有令人心神荡漾的富有女性魅力的女人，不是刺激，也不是兴奋，而是普通意义的舒适！

这也许会让那些对化妆品和香水的广告解说词盲目迷信的小姐感到失望。但是，既然男人只需要舒适，为什么不向他们提供呢？显然一盎司的舒适比一磅的性感魅力更值钱。

但是，男人理想中的舒适究竟是什么？是某个让他的所有感官都感到轻松自在的女人？还是一个知书达理的贤惠女人？或是像玛丽莲·梦露那样的性感尤物？我们来进行一下分析。

在一项课程中，女人们根据与男人在一起时的情形，经过讨论，从经验中总结出以下行之有效的几点规则，教女人怎么与男人相处：

（1）要有一个好性情

陶乐丝·狄克斯曾经说，男人选择女人，第一个要求是女人要有一个好性情。任何女人如果想和男人相处愉快，不管这男人是她的丈夫、老板、水电工还是她3个月大的儿子，都应该多注意她表现出来的性情而不必在乎自己的过失。男人宁愿在愉快的气氛中吃罐装青豆，也不肯面对着一个愁眉苦脸、啰里啰唆的女人吃牛排。

有一个单身汉曾经坦言，如果他有机会在一个快乐、温柔、性情平和的女人和一个苦闷、愚鲁、性情粗暴的女人之间作选择，他只会选择前者！

我的丈夫曾经雇用过一个速记打字小姐，单从职业技能上来讲，她不算合格——拼写糟糕，打字又慢又总出错。但是她却能一直保有工作到结婚退休，这都得益于她快乐天使一般的性情。她不怕牢骚、抱怨和批评。她像办公室里的阳光。

只要有她在，不用做事，就应该付给她薪水。我不知道她做饭的手艺是否比速记打字能力强，不过我经常见到她和丈夫在一起，看得出他并不在乎这些——每当他看着她时，脸上总放射出光彩。

（2）要做丈夫的好伴侣

美国高尔夫球公开赛冠军杰克·弗立克为纽约《世界电报》撰文，介绍他如何改变不利局面，获得接收爱荷华州达文波特两座市立高尔夫球场的特许专利经营权的情况。既要保住专利经营权，又不能放松训练以赢得冠军，一项艰巨的任务摆在他面前。

但是他娶了芝加哥的莲恩·伯恩斯泰，为他带来了好运。

妻子成为他事业的帮手，杰克可以专心地练习球技了。

后来，那是1952年，杰克一家开始奔赴全国各地。莲恩负责照顾13个月大的儿子克瑞洛，杰克去参加巡回公开赛。杰克说："我从不让莲恩跟随我进球场。你没见过邮差带着妻子去送信吧！"

这位妻子并不积极参与杰克·弗立克挚爱的球赛事业。但她总是在他附近，让他免除后顾之忧。这才是真正的好伴侣。

佛罗伦斯·梅纳德住在纽约州北部一个小镇里，是个普通的家庭妇女。在以往的16年的婚姻生活里，她只会料理家事，所以她觉得生活似乎总缺少什么。终于，她知道了那是伴侣亲情。离开家门，梅纳德夫妇两人极少有共同的兴趣和爱好。梅纳德太太着手采取行动，改变这种状况。

"我丈夫的一个主要兴趣是职业曲棍球，"她说，"所以我首先培养自己在这方面的兴趣。在我对曲棍球的知识十分精通之后，我对这项运动也产生了兴趣。我跟他怀着同样的热情去看曲棍球赛，记住电视转播曲棍球赛的时间。

"我不仅欣赏到这项令人感兴趣的运动，而且还发现自己也有事情做了，我不仅享受到陪同丈夫欣赏这项运动的一切乐趣，而且再也不会一个人无聊地坐在家里无事可做了。除了曲棍球，现在我又发掘了一些新的兴趣，现在我又可以跟我丈夫分享乐趣了。"

（3）善于倾听

几乎所有男人都说女人的话太多，意思是女人抢走了他们说话的机会。

许多女人不理解，以为听男人说话就是默不作声地坐在那里，耐心地听男人说个没完。听人说话也要表现出"品质"，要"积极"地倾听。如果你已是一个娴熟的倾听者，你还要善于适时加入。

倾听人说话，首先要集中精力。眼睛不能飘移不定，或显出紧张、坐立不安的样子。如果真能集中思想，说不定你还会学到许多东西。倾听的时候，表情尽量放轻松，要随着听到的内容有所变化。没有什么人比一个面无表情的倾听者更让说话的人感到扫兴的了。

舞台导演觉得最困难的工作，就是训练演员如何表现倾听剧中另一个演员说话的样子。如果你想成为一个好的倾听者，就努力地训练自己吧。

成功的倾听需要集中心思和积极配合。以前有人戏言，一个女孩如果想赢得男人的心，只需在他描述他的一笔成功交易时，眼光注视着他，适时地插入一句"你这不平凡的小伙子。天啊，你简直是个天才"之类的话就够了。她表现得越笨，他就越喜欢她。

现在，这种情况发生了一点儿变化：许多女孩子也能在生活中获得成功，觉得很难完成从精明的女强人向愚蠢的小女孩的角色转变；而男人也比以前精明了，区分得出哪种是真正懂得倾听的女孩，哪种是装傻奉承他的女孩。记住，如果你想赢得一个男人的心进而影响他，就不要在真正需要有一个女孩听他说话时，还做作地表演假装你在倾听的那一套把戏。

不时地问他一个能显示出你在听他说话，而且想知道得更详细的问题，或偶尔提出你的不同见解。如果你支持他的说法并在那一方面颇有经验，趁他停止谈话的间隙提出来，但一定要简洁，然后再还给他主导谈话的权力。

这样的倾听就不是单调的独白，而是双向的沟通。

大多数人都不是理想的听众，因为他们不了解规则。但这能通过练习改进。善于倾听的人也有成为好的谈话者的可能，他们有机会成为谈话者的时候——各种技巧会自然地为他们所掌握。

一旦学会了倾听的艺术，我们就会与男人相处得更好，进而与其他的人相处得更好。它会促进我们成熟，这是获得成熟的一种方法。

（4）要学会适应男人

"今晚我们邀请一下吉米和玛贝尔吧，"一家之主说，"很长时间没见吉米了。"

"好的，"他妻子说，"但是最好也把海伦和汤姆请过来，因为最近我们已经去他们家做过两次客了。"然后，"噢，天啊，海伦的妹妹在她那儿，我们得再找个男宾。你去熟食店多买一些啤酒和乳酪脆饼。我负责打电话，然后化化妆换换衣服整理一下房间。趁我换衣服的当口你最好用吸尘器吸吸地毯。"

这时候，那男人可真希望当初没开口。他本意只希望安静地陪一两个朋友聊一聊，结果却招来了一屋子客人。

出于某种原因，女人难得会一时兴起而去做一件事情，除非为了买一顶帽子。这一点没有哪个男人能懂。他不明白为什么女人去看场戏要花几个星期作好计划，或者为什么当他临时提议去乡间度周末时，女人会说她没有合适的衣服，等下个周末再说，好让她有机会通知送奶工人。

有时，男人的一时兴起的确会令有条有理的女人感到厌烦，但偶尔回答"好，我们……"而不是"好，可是……"不会有任何损失。

我认识一个非常快乐的妻子，她嫁了一个喜欢度短假的丈夫，他经常在上一秒看过旅游广告，下一秒就给他太太打电话：

"收拾行李，亲爱的，明天早上我们去百慕大。"早已习惯的太太，收拾好装有泳装的手提箱，向邻居交代一下请他们帮忙照顾她的小鹦鹉，推掉所有的约会，就等着第二天早上上船了。她还会说，这真的没什么，任何一个女人稍经训练就能办到。

我年轻时候的风尚是：如果女孩在最后时刻才有男孩约请，她就被认定是很不招男孩子喜欢的女孩，这无异于承认约到她只是因为没有别的男孩子向她发出邀请。也许成为一个难约的女孩能留下一个好名声，但她同时也就失掉很多乐趣。

但是假如他约过别人之后，再来约我们，会怎么样呢？这就给了我们机会证明：第二次的选择才往往是最佳的选择。学会适应男人的心情，是赢得他的青睐的一个最好的办法。

当一个男人突然产生一个想法时，他喜欢立即将它付诸实施。女人若对于这种男性冲动无法适应，会令他们颇感气愤。很早就学会适应男人情绪的女孩，已经在学会与男人相处的道路上迈出了成功的一步。

（5）做能干而有魅力的女人

在一次课上，有一个女孩对我说，她因为太能干而失去了一个出色的男人。这个女孩做主管的工作，制订计划，发号施令，尽职尽责，但在爱情上她没有这么一帆风顺。

"我经常是，"她说，"当我男朋友还没有打开雨伞时我已经叫到计程车了；我先于他按电梯按钮；共进晚餐时我推荐他点肝脏和熏肉以预防他的血压病；他从没机会帮我拉开椅子或为我脱下外套、替我穿上套装，因为，我由于能干而总是抢先做好一切。我不只是能干，而是太能干了，所以，我失去了他，全是我的错。"

现在出来工作的女孩真可怜。为了嫁一个如意郎君，她除了忙于追求成功、独立，还要时刻提醒自己做一个有女人味的女孩。因为男人已经被宠坏，他们想要的女人必须是既具有女性魅力又有足够聪明的头脑去发现他的女孩——如果可能，最好能帮助他增加家庭收入。

让他看上你，并且觉得你就是他理想中的女孩，这不像你未经努力之前那么困难。工作时充分表现出你的能力，争取老板的赏识，下班以后，要让与你约会的男人感觉你是个女人，而不是一部高效运转的机器。

跟上面那位女孩一样，我也是从一个逃之夭夭的男友那里学到这一点的。多年前，我认识了一个经常陪伴着我的年轻男子，至少，有一阵子是这样。那段日子，我对我所在地方的政治产生了兴趣，投入很多休息时间在这项活动上。在不必帮人竞选或去参加集会的时间里，我就跟男友谈论那些某某法官说过什么话或行政管理上存在什么问题之类的话题。

最后他忍无可忍，大声地对我说："以前你是个女孩，现在你成了一份活的竞选传单。如果我需要政治哲学的说教，我就会写信给国会议员。现在我只需要一个给我的夜晚增添愉快气氛的好女人。"

我最近一次得知有关他的近况的消息是，他已经得到一个既能把家庭操持得有条不紊，又能做一个温柔可爱情人的金发女郎。

（6）以真面目示人

在一个男人看来，最让他们感到滑稽可笑的就是见到一个老女人穿着紧绷绷的少妇装，染着一头假发，蹬着三英寸的高跟鞋，戴上瞒不过任何人的假乳招摇过市了。

在那些看上去令人感到悲哀的景象当中，拒不接受成熟的女人可能是最可悲的了，她固执地相信女人的魅力全在于年龄，只要肯努力，没有人会知道她已超过39岁。看到这样的女人扭捏作态，以早已失去的性感魅力向男人献殷勤，真叫人不寒而栗。

不仅于此，有的看起来文静谦逊的女孩突发奇想，自以为可以借着超出常规的怪诞举动来显示其不拘小节的魅力。其实恰恰相反，男性可没有那么笨，他们知道怎么判断，分得清泥刀和手锯。

许多表面上很聪慧的女人，都不成熟地相信，女人可以通过"偶尔改变性格"——装扮,把男人弄得神魂颠倒。本性难移,上帝赐予我们现在的性格有什么不好?我们只需剥去伪装,让它重见天日。我们可以发挥自身的特性,戒除导致自己不吸引人的那些缺点,就可以使自我达到最佳状态。任何人都应该努力做到这一点,不管男人还是女人。

(7)接受女人这个角色

提出"两性战争"将一直存在这个危言耸听的论点的人,一定是个争强好胜的人。我一直搞不懂,为什么男女性别的差异会成为他们彼此斗争的原因呢?还有许多其他的事更值得斗争啊。

不管怎样,把所有的男性当作敌人的女人,一定是受到了自然和人类的欺骗和利用,她们将很少有机会获得男性的青睐。她不管这些,她会说反正她恨男人。

想与男性达成重要关系的女人,首先必须接受乐于当一个母亲的角色,承认母亲在人类历史中所担任的是特殊角色这个生物学上的事实,同时了解女性的基本作用。

拒绝接受母亲角色的女性并不仅仅限于世人所谓的"老处女"——在我所接触的中年未婚女性当中,大部分都成熟、完美,又可爱又迷人——还包括一些总是抱怨"身为女人就要低人一等""自然在创造男人和女人时实在是偏心"等为"两性战争"理论作证据的已婚女性。

一个人能否坦然地接受自己的性别角色，不因结婚与否而定，而是态度端正和感情成熟的自然结果。没有对这种基本思想的接受，男人女人在一起就不会得到幸福，而人生中最有潜力创造出成就的一个领域就很可能会沦为战场了。

如何与男人相处无法总结出一套精确的公式，因为人与人之间的性格存在差异。但是本章所提出的这些理论至少可以指导你加深对异性的了解。在我们理想中的美好世界里，男人和女人将不会是天生作对的敌人，而是心手相连地在友谊和爱情中一同工作和游乐，相亲相爱，直至永远。

不要做无聊乏味的人

无聊乏味的人的存在也许有一个好处：他们也许正是我们需要的，促使我们成熟的催化剂，因为他们可以成为我们的参照物，如果不努力我们难免跟他们一样。

有的人喜欢故意侮辱别人。存心愚弄别人是很容易的，你也可以发现，有许多人每天都在这样做。但是一个成熟的人决不会故意让别人说他无聊乏味。

我们每个人都会对一些事物非常看不惯，但是我们都认同：在社交中，最大的威胁来自无聊乏味的人。可悲的是，目前，我们对这种人除了逃避，还没有找到使其绝迹的有效手段。法律也找不出理由去制裁这些无聊乏味的人。我们能够有效地隔绝口蹄疫，却无法隔绝这种可称之为"无聊厌烦"的病，控制它蔓延。

我们从广告中能了解治疗各种疾病——脚癣、口臭、便秘、

SEVEN　不要遗失你的交际圈

喉痒、头痛、鸡眼和脱发等等的药物，却没有人能为我们治疗令人感到无聊厌烦的疾病。

预防胜于治疗，我们来了解一下那些严重的"无聊厌烦症"的症状。如果你与这些症状中的任何一种相吻合，你就能明白某太太上次举办宴会时没有邀请你的原因了。

（1）不厌其烦地谈论自己的儿孙或其他自己感兴趣的话题

简单的一句礼节性问候语："孩子们都好吧？"就足以引出这种无聊乏味的人口中的滔滔不绝的话题，说的却都是废话。但是，谁让你打开了水龙头呢？你只能乖乖坐下任滔滔口水将你淹没：

"哦，庄尼呀，你知道，他是最小的，他最近说什么也不吃麦片，昨天还把整碗麦片扣在头上。好笑吧？我打电话去问我们的儿科医生。'医生，'我说，'各种办法我都试过了，但他还是把麦片吐出来或是倒在地上，甚至弄得自己一身都是。'

"他问我试没试过把麦片和香蕉混合在一起喂他，但是，庄尼从来就不喜欢什么香蕉。他俏皮地把香蕉称作'兰妮'。'我不要兰妮！'他说，然后挥舞他的小胖手打呵欠。当然，他比我们家附近的小孩子早熟，他们当中没有一个像他那样富于表达，多令人惊奇！你瞧，前天他还把桌布拉下来，他瞪着乌黑发亮的大眼睛说：'庄尼把桌子上的东西都弄到地上去了。'他爸爸和我都要笑死了。"

唉！这时候，你也快死掉了，但肯定不是笑死。

这些人总有本事将不沾边的话题，扯向他想谈的话题。也许你正在跟他谈政治或艺术，但是，他（她）真正想谈的是他（她）的小孩子。

我认识一个人，即使我们谈论的是国际关系或牛肉价钱的上涨，她也能神奇地把话题引向她女儿黛芬妮。她说：

"是呀！你根本无法信任那些俄国人。去年夏天，黛芬妮的大学同学邀请她一同去欧洲旅行。她们并不想进入德国，但是她们想去西柏林。黛芬妮征求我的意见：'我……您觉得怎样？'我就对她说……"

然后是没完没了的啰唆。准确地说，令人感到无聊厌烦的人基本上都不够成熟，他们不懂得交朋友首先就应该记得——为别人着想。

不幸的是，并不是只有那些过度溺爱孩子的父母令人感到无聊厌烦。一个刚刚完成一次成功的巡回推销的汽车轮胎推销员从水牛城回来，第一件事就是事无巨细地向我仔细讲述他与一家百货公司签下一万美元的订单的全过程。

你有没有硬被一个桥牌玩家扯住，向你回述他如何在一次牌局中打出一个小满贯的复杂过程？最可怕的是影迷，他喜欢一滴不漏地把一部最新的悬念电影情节详细地向你描述，以至于气得你真想把台灯砸到他的头上。

不仅仅是这些，无聊厌烦的话题可以涵盖许多事物，可能是某人爱把家具翻新的嗜好或是某人怎样给水果保鲜；可能与他哥哥的工作有关或罗拉表妹的可怜遭遇希望你能同情；可能是小狗或小猫的一点趣事。我甚至曾被人牵绊住听她絮叨金丝雀的肠子如何作怪，且足足说了20分钟之久。

（2）谈话飘忽不定，不着边际

马克·吐温写过一篇文章嘲弄一个无聊乏味的人：

"我有没有对你说起过我曾去西部看赫必族印第安人那件事？我们是趁休假到那里去的，是在一个礼拜五早晨，不，是礼拜四，你记得，艾拉，我决定我们要在礼拜四出发是因为我得在礼拜三去看牙医，是吧？我上面的一排假牙有点活动，我想找他为我固定一下。天啊，那个牙医真啰唆，话一讲起来就没完。好在他医术不错，是的！

"我跟我老板提起过有关他的事。我那个老板可真有趣。告诉你，他什么都离不开我，老是魂不守舍的。我那天对我的同事说：'如果我现在就抬腿走人，辞职不干，老板会怎么样？'她说：'比尔，如果你走了，我马上回家把我妈妈找来！'真是逗乐！"

你永远也别想知道赫必族印第安人是什么样子,但这样反倒好。

(3)呆板木讷,不善言谈的人

这类人虽也无聊乏味,但比啰里啰唆的人少见,这是这种人唯一的好处。

你极力寻找话题,表示你对他非常感兴趣,以便让他开口说话,然而都徒劳无功,你的辛苦努力只会换来冷漠的面孔和偶尔的一声"嗯"。最为幸运的是我从来没赢得过——你最多会赢得一句"是吗?"——作为报偿。

他是个凡事无动于衷、彻彻底底的木鱼脑袋,想从他身上得到哪怕一点点聪慧或礼貌的回应就好比去莫斯科买股票或债券。他那张马铃薯一般的脸永远没有任何表情,他是威廉·史泰格笔下的卡通人物在生活中的翻版——如果可以把他称作"活人"的话。

(4)不管谈论什么问题都喜欢争论

跟这种类型的人谈论问题,任何话题都会遭到反驳,回过头来给你个措手不及。

这种人自以为通晓一切,所以往往武断地排除一切讨论的可能,如果你有什么看法与他相悖,他会不假思索地说你的看法是荒谬的。

"你疯了！我的朋友，"他冲你吼道，"难道你不知道这个事实已经经过证明……"如果赶上他比较温和时，他就会说："不，很显然你错了！我可以告诉你……"

这种人最让人讨厌的地方是，他作为结论的那些话——明显、武断、粗俗的话，都是你特别不愿听到的话。

遇到这种人你最好只采用一个办法：同意他所说的所有观点。因为一旦你稍有反驳，就会陷入一场势不两立的论战。讨论或交换彼此的看法对他来说是不可能的，因为他只想以摩西十诫一般的权威让你同意他的看法。

（5）永远意志消沉

这一类人行事只依据一条原则，那就是世上众人都已经在地狱中了，生命是多余的、是失败的，整个人类由傻子、骗子和懒鬼组成，凶恶的命运之神已经盯上他们了，就连气候也越变越糟。

只要跟这种人在一起待一刻钟，你就会不知不觉地产生一大堆的不幸要跟他交换。因为你已经被这种态度感染，本来你的心情可能很好，到头来却被这种天生的意志消沉者搞得垂头丧气。

我认识一个女人是这种人中的一个典型，我们每次相遇，她总是没完没了地向我倾诉她最近的遭遇——当然，全是坏事。

"我去买窗帘,"她可怜巴巴地说,"但我等了有10分钟才有售货员过来应酬我。她们根本不忙,只是他们看出我是个没钱的主儿,不怕得罪,所有的商店都那样。你看我的生活有多糟啊!你再看看我的健康状况!医生说他不相信我居然能活到现在。我整个的消化系统都不行了,赶上这种天气我全身又痛得要命。你会想我的家人总该懂得体贴我吧?但那只是我的奢望。"

以上只是几种"无聊厌烦症"患者的例子而已。

类似这种人不胜枚举,感情丰富的女孩、身体壮硕的大男人都有可能是"无聊厌烦症"患者,而观众对此也已习以为常,他们渴望让意识消失,直到挨过这场灾难。

最可恶的是,这些无聊乏味的人还不知道自己有多无聊。他们以为自己是作为社会的活跃分子、消息灵通人士或所有受人欢迎的那一类人物而乐意为人所接受。真是恐怖,我们也可能是个无聊乏味的人,却没有察觉。

幸好,如果我们留心观察,可以从一些迹象和征兆中得到暗示。

一是听者流露出凝固的微笑和灰暗的眼神。当我们在谈有关孩子的所谓的趣事时,听者仿佛身体已经凝滞,那我们就应该停止讲下去了。

二是我们要注意观察听者暗中看手表的动作。当听者摇晃过手表，然后把它贴近耳朵来听时，很显然，他已经开始诅咒我们了。演说家就对这种动作非常敏感，这也是应该的。

三是眼光游移不定。这是在提醒我们：我们的话已经失去吸引力。在宾朋满座的鸡尾酒会上，我们偶尔会在某个角落捕获我们的牺牲者，他借以逃脱的希望全部寄托于急切恳求的眼光，他以眼光向每一个经过的人求救。但是没用，谁会愿意替这个傻瓜受罪，所以，不妨设身处地替他着想一回，我们应该住口，别再折磨他了。

一些善于诡辩的人可能会为难你："无聊厌烦症"跟成熟和心灵的健全有什么关系？一个极其无聊乏味的人也许同时也是个生活美满、爱护家人、照章纳税、资本雄厚的人，但这种人毕竟是少数，因为一个人既然能成为"无聊厌烦症"患者，就表明他的智慧、想象力和敏感性一定是贫乏的，而这正是一个人建立健全的人格和赢得他人的良性反馈的基本要素。

无聊乏味的人不可能了解自己，不会喜欢自己，也无法成为他自己。他不知道自己需要什么，因此对他人在人际关系中需要什么也考虑不到。他的全部精力都倾注在那些无聊的琐事和微不足道的生活上，让它们进驻内心填补空虚，可是他根本不善于构筑它们。他有着跟他的心智一样无聊乏味的言谈，他是现代人迷失自我的一个悲剧性的象征。

"无聊厌烦症"不过是一种人格疾病，是拒绝成长的病态人格的症状之一。

不断成长、走向成熟的人，虽无所不谈但不会令人厌烦，因为他善于化平凡为神奇。本来在他口中活生生能够光芒四射的话题，出自乏味的人口中，就变得无聊乏味，失去生气。

无聊乏味的人也许正是我们需要的，促使我们成熟的催化剂，因为他们可以成为我们的参照物，如果不努力，我们难免跟他们一样。

不要陷入寂寞的"沼泽"

5年前,我朋友失去了丈夫,从此,她开始饱受"寂寞"之苦。

"我该怎么办?"她丈夫死后一个月,有天晚上她来问我,"我应该住在哪里?我怎么重新获得快乐?"

我回答她,她的焦虑源于降临在她身上的灾难,她应该及时摆脱忧伤。我建议她赶快走出以往的阴影,建立起新的生活、新的快乐。

"不,"她回答说,"我不会再有快乐,我已经老了,子女都结婚了,我无处容身。"

这个可怜的母亲得的是可怕的自怜症,而她又对这种病症的治疗方法不甚了解。

5年当中,我一直关注着我的朋友,结果不容乐观。

"当然,"有一次我问她,"你总不会让人家老是同情你可怜你吧?你可以重新开始生活,认识新朋友并培养新兴趣,代替旧的。"

　　她只是听着，但是没往心里去。她太自怜了。最后她决定把快乐寄托在子女身上，就搬到女儿家里去住。

　　这是一次错误的决定，后来母女俩反目成仇。她就又来到儿子家，但也没有得到好结果。

　　她的子女只好给她弄了一层公寓让她自己住，但这解决不了根本问题。一天下午，她哭着告诉我说，她的家人把她抛弃了。

　　她想让全世界的人都可怜她，不然她永远也无法快乐起来。她是个不可救药的自私女人，虽然她有着61年的人生经历，但在感情上，她还是个小孩子。

　　寂寞的人永远不会懂得爱和友情是不会像包装精美的礼物一样被送到手上的。受欢迎和被接纳是从来就不会轻易到手的。

　　人要努力赢得别人喜欢。爱、友情和美好时光不能通过谈判得到。

　　让我们面对现实！配偶死了，但是法律没有剥夺仍然活着的另一方享受快乐的权利。只是，他（她）必须明白，不能将快乐视作救济金或施舍品一样理所应得。我们得设法让自己受喜爱、受欢迎。

　　想象一下有一艘客轮在地中海航行，许多快乐的夫妇和未婚的情侣在船上度假。在这些欢乐的游客之中，穿梭着一位60

多岁、独自出门的春风满面的母亲。

这是她第一次在海上验证寻找快乐的窍门。她也是一个寡妇，曾像我那个朋友一样悲伤，但在一天早上，她幡然醒悟，脱去悲伤的外衣，投身于新的生活。这是她经过一番深思而做出的决定。

她的丈夫曾是她的爱和生命，但必须让这一切过去。她原有的对绘画的兴趣，重新进入她的生活，成了她生活中最重要的活动。绘画不仅陪伴她度过了那段悲伤的日子，而且还给她带来了最大的报偿——独立的事业。

最初那段时间，她不肯出门，羞于见人，因为失去了丈夫这个伴侣和力量。她长相平凡，也没有钱，在那段充满怀疑和绝望的日子里，她问自己可以做什么，怎么做才会被人们所接受，并对她表示欢迎。

答案找到了——要想被他人接受，她必须肯于付出，而不是乞求别人的给予。

她以微笑代替悲哀，她辛勤地作画，她出门拜访朋友，这个时候，她就提醒自己时时露出欢乐的表情，她谈笑如常，又从不做过多的停留。不久，朋友们开始争相对她发出邀请，去参加晚宴，社区活动中心也邀请她去办画展。

几个月后的一天，她在傍晚登上了地中海这艘客轮。她很快就成为船上最受欢迎的游客,她对任何人都表示她的友好,但又能保持超然的态度,从不介入别人的私人恩怨,也绝不依附哪一个人。

客轮明天就要靠岸了,这一天晚上,游客们在她的舱房里举行了最快乐的一次聚会。她则谦逊地回报旅程中他人的邀请。

后来,这位女士曾经几次像这样出海旅行。她已经懂得若想得到别人的友情,自己首先就要去关心生活并奉献自己。这样,不管她到了哪里,都能制造出和谐的氛围,深受大家欢迎。

尽管医学和药物的研究一直在飞速进步,但是在我们的世纪里却产生了一种新疾病——大众寂寞病。

加州奥克兰米尔斯学院院长李思·怀特曾经就这个问题,向出席基督教女青年会晚宴的听众进行了一场精彩的演讲。

"20世纪的主要疾病是寂寞,"他说,"如同大卫·雷斯曼所说,'我们都是寂寞的人'。随着人口的迅速膨胀,人与人之间可以患难与共的真情已经逐渐消失了……我们生活在无个性的世界,我们的事业,政府的规模,人们的频繁迁徙等等,导致我们在任何地方都无法获得持久的友谊,而这还不过只是令数百万人倍觉寒冷的新冰河时代的开始而已。"

然后怀特博士这样总结道:"对上帝和同胞的爱都可以称得上是纯真的热情。有了爱,我们就能对抗腐败的灵魂的侵蚀和摆脱宇宙的孤寂,培养出强大的精神力量。"

一个人如果想要克服寂寞,就必须努力创造怀特博士所谓的"精神力量"。无论我们走到哪里,都应该靠自己的力量创造出温暖和友情。

对我们来说,如果想要克服寂寞,就不要再自怜下去,应该步入光明中去结识新朋友,与他们共同分享快乐,虽然这需要勇气,但是很多人都做到了。

根据调查结果显示,夫妻双方多半是女人比男人长寿。表面上看,女人一旦失去她的丈夫,就不再容易开拓新生活。

男人因工作的关系会强迫自己努力向前,从自然规律上来讲,他们比女人强壮,也更富于进取。女人则要尽女性的"职责":照料好她的家庭和家人。她没有做好在守寡后独自走完她的人生道路并快乐地走下去的准备。但是她能办到,只要她肯学会成熟,而不只是虚度余生而已。

当然,不是只有寡妇或鳏夫才会感到寂寞,单身汉和选美皇后也有得上这种病症的可能,或许它更青睐都市里的陌生人和乡间教堂里的独奏者。

几年前,一个年轻的单身汉到纽约闯世界。他英俊潇洒,受过很好的教育,而且曾周游各地。进入这个大都市后,白天他有销售会议要参加,晚上却陷入孤独寂寞之中。他不习惯一个人吃饭，也不喜欢独自去看电影。他不想去麻烦在城里的已婚朋友，而且，我们不妨明说，他也不想要自动投怀送抱的女孩。

显然，他想要的是那种好女孩，但不是"格林威治村"酒吧里出来的，他不愿加入"寂寞的心"俱乐部，或去找社交介绍服务中心解决他的特殊问题。结果他在这企图寻求发展的城市里度过了一段难耐的时光。

我知道城市可能反而比任何乡间小镇更让人感到寂寞，也知道一个男人在城市里要付出比乡村更多的努力才容易被接受、被欢迎。他必须事先想好他下班后的生活的兴趣何在，然后去寻找那些场所。他一定渴望有趣味相投的人接纳他，但这要靠他自己主动争取。

一个人刚进入城市，有许多事可以做。他可以通过加入教会或与其特殊兴趣相符合的俱乐部来寻求友谊；他能在成人教育班上找到同道，但独自去餐厅吃饭或泡吧是永远也找不到热切渴望的友谊的。他必须自己想办法解决。

几年前，我认识两个女孩，她们在纽约市东区合租一层公寓。她们两人都很可爱，都有一份好工作，当然，也都渴望受人欢迎。其中一个女孩，她的智慧超过了她这个年龄所应具有的，她对待生活很认真。作为一个单身女孩在大城市里生活，必须计划缜密。她加入一个教会，每逢活动从不缺席，她参加讨论会，还选修关于人格改进的功课。她努力结交那些好人，以汗水换来健康丰裕的生活。

她适可而止地享受娱乐，小心地安排社交生活，避免被人将她与哪个男孩子联想到一起。

当然，她初来纽约时也曾感到过寂寞，但是，她知道自己不喜欢这样，所以她采取了行动。

现在我们成了常常碰面的朋友。她心满意足地嫁给了一位年轻有为的律师。她亲手造就了自己的幸福生活，注意我用了"造就"两个字。

那么她的室友呢？她也寂寞，但是选错了道路。她也交朋友，不幸的是她结交的朋友全都是常常泡在酒吧里的人。终于，她也不得不加入一个俱乐部——戒酒俱乐部！

EIGHT

做更美好的自己

不设法发展自己的人,会被世界遗忘。
他们只会抱怨太迟,太"老"。
他们将老年当作生命的终点来接受,
却不明白对于一个渴望获取知识的人,
生命是一次没有终点的精神旅程。

用知识促进心灵成熟

1956年2月,《纽约时报》刊登了一篇对依萨克·普莱斯勒的一篇专访:普莱斯勒先生白天在一家百货公司做售货员,他用四年的时间完成了高中夜校教育之后,又进入布鲁克林学院夜校,准备完成大学课程,然后继续研读法律。在大学一年级的一篇题为《快乐是什么?》的作文中,普莱斯勒先生写道:

"拿下高中文凭,进入大学,然后期待着做一名律师——这就是我最大的快乐。"

"这期待就能增添我内心的快乐,"普莱斯勒先生说,"大学要五年或更长的时间,这要看我努力的程度,然后法律学院的学习又需五年。"

在年轻人看来,这个计划充满了抱负,不是吗?但依萨克·普莱斯勒是在他刚刚度过60岁生日之后进入大学的。他懂得,对于一个成熟的人,学习应该是任何年龄都可以继续的快乐体验。

教育不应该局限于校园内，必须有自己的正规的一套课程。

哈佛大学前校长 A.劳伦斯·洛威尔博士曾经说过，大学教育或教育培训制度所能教给我们的只是如何帮助自己，我们必须学会教育自己。教育贯穿成长的全过程，是一种心灵所需的自发的运动，是一个扩充心灵发展的过程。

一旦我们了解了这些，自我教育和自我改善便成了我们无论身处生命中的哪个阶段都可以追求的令人兴奋的体验了。没有什么能比开发出乐于在晚年继续摄取知识的热情更好的投资了。

我最尊敬、最钦佩的人物，就是美国人最喜欢的新闻评论播报员，洛威尔之父——洛威尔·托马斯博士。托马斯博士是一位有着高深文化修养的绅士，他睿智，喜欢钻研，涉猎广泛。

诺门·文森·皮尔博士谈到托马斯博士晚年去拜访他的事。那时他的身体虽已衰老，但心灵还是像年轻时一样敏锐。见面后，经一番寒暄，托马斯博士问皮尔博士："诺门，我想听听你对亨利八世有什么看法？"

皮尔博士稍感惊讶后承认：他对亨利八世缺少研究。托马斯博士说他那一段时期一直在对这位君王进行研究，他认为，历史学家的评价有欠公允，然后他说出他自己对亨利八世的看法。

可见，虽然托马斯博士身在病房，但心灵仍在随处游弋，而且穿越了好几个世纪。

心灵是我们机体中最重要、最基本的器官,如果我们勤于滋养并善加运用,它会自然成长。相反,如果对它滋养得不够又缺乏运用,它就会因发育不良而导致萎缩。

只对心灵施以教育的影响是不够的,必须善加应用,让它对这些影响产生反应。我们加入读书俱乐部,去听课、听剧、听演讲,这些只能为聚会时增加一些谈资,此外没有更深远的目的或成果,每个人都可以借此获取一件薄薄的文化外衣,一件如同休息日的衣服可以随意穿脱。在这件薄薄的文化外衣里面,心灵仍然难以成熟、发展。

知识的存在只能有一个具体的理由——促进心灵的成长。而心灵若要成长,应该像身体一样,是善加运用的结果。

路易斯·曼福德曾经就我们的教育,提出我们应该努力达到的一些目标。

"所有实际活动的目的最终是文化,"他写道,"成熟的心灵,完善的人格,逐步获得的通达和成就感,个人的社会人格的所有较高的能力相组合,获取广泛知识的兴趣和感情上的愉悦……这就是自我改善的各个阶段应该达到的终极目标。"

一天,有位女士找到我的丈夫希望获得帮助。她沮丧得像刚刚挨过揍的狗,因为她逐渐失去了她丈夫对她的爱。她丈夫为人兴趣广泛、文化品位高，是成功的经理，她知道自己越来越配不上他了。

她哀叹自己没上过大学。孩子生了一个又一个，她根本没有时间欣赏音乐，获取艺术和文学方面的知识——而这些又正是她丈夫最为痴迷的。

"他厌倦我，这公平吗？"她问道，"就因为与他和他那些知识分子朋友没有共同语言？"

我丈夫问她，现在她的孩子都结婚了，她是怎么安排她的空闲时间的。她说她除了打桥牌之外，每周还去看两场电影，偶尔读一些书，以言情小说为主。

显然，这个女人并没有真正努力改善自己的处境。她并不是没有机会，她是缺乏一种精神和动力。她宁可把时间花在桥牌和电影上，也不去扩展她的兴趣，难怪她跟不上她的丈夫。

不设法发展自己的人，会被世界遗忘。他们只会抱怨太迟，太"老"。他们将老年当作生命的终点来接受，却不明白对于一个渴望获取知识的人，生命是一次没有终点的精神旅程。

从前的大学数量少，距离远，学费又昂贵，是专为少数人开设的，有的大学甚至连书籍也不易买到，夜校这个词是从前的人想破脑袋也想不到的概念。而现在，谁想受教育都能如愿以偿，做祖母的拿到大学学位也不再稀奇。

得州一位律师的妻子，同时也是五个儿子的母亲，在儿子们受过大学教育和技术培训，成为专业和生意上的负责人之后，这个50多岁、做了祖母的女士入读得州大学，并在四年后，以优异成绩毕业。

现在，她70多岁，已成为寡妇，但可别把你的同情心滥用在她身上！她机敏、可爱，整日为社区工作忙个不停，她多的是朋友和仰慕者，每一个与她接触过的人都说她会对人产生激励和启发。

她的儿孙们都非常敬爱她，都很珍惜她与他们在一起的每一次机会，虽然这种机会少之又少。她为自己培养出成熟的心灵，如今她享受的是丰硕的成果。

乔治·盖洛普是美国舆论调查机构的创始人和罗德奖金新泽西委员会的主席。他曾说过："有很多人取得文凭以后就不再学习了。其实学习应该是个从生到死一直不能停顿的过程。"

大学只是为我们提供了学习研究的时间和场所，还有许多有待我们自己解决的问题。所以，不管学校教育有多完善，要想丰富心灵以防止晚年孤寂无聊，就要首先了解"活到老，学到老"的意义。

还有呢？那些没上过大学或夜校却渴望完善自我的人又该怎么办呢？

没错——他可以自修。英国工党的杰出领袖赫伯特·莫瑞生说起"我得到的最好的忠告",是他15岁在伦敦为一家杂货店工作时的事。一个街头的骨相师为他摸过骨后,问他都看些什么书。"大部分是写恐怖的谋杀案的书和短篇故事。"莫瑞生回答。他说的就是书报摊上一个硬币一本的恐怖故事。

"看无聊的书倒是比什么都不看要好,"骨相师说,"但是你有这么聪明的头脑,应该看些历史、传记方面的书。随自己的喜好去看,但要养成一个严肃的阅读习惯。"

骨相师的话成为莫瑞生人生的转折点。他从此明白即使只有小学文化,也能通过阅读来完善自己。莫瑞生开始频繁地往图书馆跑,结果,终于有一天,他进入英国下议院成为现实。"过去我曾每天浪费几个小时听广播、看电视,"他说,"但是从没有哪个节目的价值能与一本好书相提并论。"

根据美国舆论调查机构的调查显示,美国的读书人数与其他英语国家相比正在逐渐减少,大多数美国人去年整整一年还没读完一本书。在接受调查的人中,有60%的人说除了《圣经》之外,他们去年没读过一本书,甚至在大学毕业生中有1/4的人也是这样回答的。

我们竟然已经使心灵荒废到如此地步!尽管浩瀚的知识的海洋任每个人遨游,图书馆的大门永远为每个人开放,但是,我们却能忍受心灵的饥饿。在物质上，我们过着世界上最高水准的生活，在知识上，我们却坠入无比贫乏的空洞中。

能使我们个人取得成就的知识和智慧都在书本里，我们渴望学习和知道的，都能在图书馆、书店或朋友的书架上找到。书籍能让我们与世界上最伟大的心灵沟通，能让我们穿越时间，跨越空间，遨游于心灵所创造出来的世界里。

新泽西州布鲁菲尔的初中教师兼阅读专家弗兰克·G.詹宁斯曾说过：

"文学经验是对人类生活最具深远影响的能够塑造心灵的大事件。它能通过聚会、说书人使文化得以繁衍生息；它能让我们在几千年后仍有机会得到柏拉图和耶稣的教导；它能将心灵和时间紧密结合起来，让我们有能力管理和控制宇宙；它既能像'善'这个概念一样抽象，却又能像门闩一样精确实用；它是人类通往高尚优雅境界的黄金之路。"

没错，一切都藏在伟大的书里——这是人类精神的寄托，人类智慧、愿望和抱负的结晶。即使我们有机会认识我们所处时代的伟人本人，也仍无法比通过他们的书籍更了解他们。跟苏格拉底一起散步或与雪莱一同做梦，和萧伯纳争论或像马克·吐温一样开怀大笑。

这些同伟大的心灵交谈的愿望的实现，是我们大多数人梦寐以求的事情，但是，只要我们活在世上，只要我们走进最近的一家图书馆，我们就能如愿以偿。

人类先天受限于宇宙中的一个狭小空间。60年或70年，即使是90年的时间跟永恒比起来又能算得了什么？如果我们再把自己封闭起来，那么我们还能知道些什么呢？离开了书籍和对知识的渴求，我们就注定只能委身于狭小的单元——现在这里。

罗马十二大帝时代的人怎样思考问题？伦敦在瘟疫流行时期的情形又怎样？通过书籍，我们都能为它们找到答案。书籍让我们感受到的绝不是冰冷的事实，而是鲜活的人类经验——人生的样本。

对于俄国这块曾经那么神奇的土地，在陀思妥耶夫斯基、屠格涅夫和托尔斯泰的作品的表述之下，我们仿佛也能看到一个逐渐从内部腐烂的国家，这些不朽的艺术家借助手中的笔记录下腐败的种子最终结出艳丽的革命花朵。通过这些伟大的作品，我们为现在找到了多么有价值的明鉴啊！

H.G.威尔斯曾说："我不敢确信H.G.威尔斯的身体或他这个人会不朽，但我敢断言思想、知识和意志的成长是个永不间断的过程。"

如果我们愿意把更多的时间花在阅读上，那该有多好。时间会自然淘汰书籍中的垃圾，把人类思想和经验的精华保留下来。如果要我们为自身在时间和宇宙中所处的地位给出一个合理的评价，我们就必须先要了解自己处在这种地位的原因。

真正的好书应该是经得起时间的考验而历久常新的，这绝非那些畅销书可比。

泰迪·罗斯福从不喜欢被评为"本周畅销书"的书，他曾经这样写道："我宁可看一看曾经是'前年畅销书'的书。前年的书到现在仍然有人在读，说明它还值得一读，但是那些只能做'本周畅销书'的书，它的最好去处应该是垃圾桶。"

读《战争与和平》可能比读一本新小说多花些时间，但是它将融入你的生命，一生陪伴着你，让你陶醉。我这里不是盲目夸大经典对我们所起的作用。你的精神会自然地传给你的后代。而当你老了，你会体会它重新放射的光芒——因为你的成熟和洞察力。

如果你步入这发现之旅，就会懂得什么是"成熟的心灵"。不要去管读书要按照怎样的顺序，我从来不为我的阅读制订计划，随手翻开的一本书，也许就能带来意外的收获，而且这收获还不浅。

这就好比一个人初次出国旅游，不经谋划地漫游在古老王国里，在凝望希腊雅典的女神神殿或埃及金字塔时，内心反而因未经准备而多了一种发现的兴奋，为自己增添了快乐。

有的朋友抱怨许多古典名著都因为教授们的强迫研读或沉闷乏味的教授方法而让人失去了阅读的兴趣，我却从来没有这种感受。上大学时我把时间交给了看足球赛和谈恋爱，来不及去做知识上的反抗。我是在比较成熟的年龄才不怀偏见地接触到古典名著的。一经仔细阅读，它们就回报我以心灵的满足。

因此，我禁不住要说出我的见解：阅读伟大的作品是一条促进自我完善和自我成熟，达到圆满幸福的人生之路。

我很高兴在《周六文学评论》上结识菲丽丝·麦金莱小姐，她跟我一样，因享受阅读古典名著而兴奋。麦金莱小姐写道：

"不良教育总让人非议。从哪个角度来看，我受的教育都不容乐观，但在悲观中思索了几年之后，我终于发现即使是无知也还是有它光明的一面。

"世上真的存在文学这种风景！我像一个好奇的陌生人，走进文学的风景，走进英文古典名著的国度。那些经人引导进入这个国度的人，是无法了解一个人怎么安排好自己的日程、徒步旅行完这个国度的。"

她在文章的最后道出了如何把握自我启蒙和成长的要领："当我们还处在对狄更斯、奥斯汀和马克·吐温充满敬意时初次接触他们，对每一位读者来说，都是至高的福祉。"

当然，阅读是自我改进的最重要的方式。但对音乐、美术、戏剧、社会服务或政治逐渐发生兴趣，也不失为扩展我们视野的好方法。

我丈夫戴尔研究亚伯拉罕·林肯已经有很多年，他说林肯是个非常迷人的人，他曾写过一本林肯的传记。虽然这本书没让他赚到一块钱，但是在创作这本书的过程中他变成一个更好、更快乐的人。

我们可以试着忘掉没受过良好教育的借口，重新开始学习的旅程。虽然我们一年比一年大了，虽然我们会失去朋友和健康，但是让引人入胜的兴趣填满我们的内心空间。这样，我们就永远不会再感到孤寂，说不定还会更加喜欢自己！

当"成熟"遇到"爱情"

爱是世上被人谈论最多,也最难弄清楚的课题之一。它能激发艺术家的创作灵感,是婚姻幸福和家庭美满的基础——失去或缺乏爱,都会使人格破碎或影响人格的正常发展。

我们大多数人对爱的理解都是狭隘、一厢情愿的,而且从不脱离家庭或性关系的角度,同时这种情感与占有、自负、姑息、依赖等混合在一起。

只是最近,爱才被定性为一个严肃的科学课题。现在,情况已发生转变。许多心理学家、医生和科学家开始倾注大量的精力,思考和研究"爱"的问题,把它当作人类的基本需求,以及从未探索过的影响人类世界的力量源泉。据此发现,我们将不得不修正和扩充关于爱的一些传统观念。

爱跟成熟有着怎样的关系?罗洛·梅伊博士是这样回答的——他在最近的新书《人的自我追寻》中说:"能够付出和

接受成熟的爱,是衡量一个人是否具有完全人格的标准。"

梅伊博士还断定大多数人都达不到这个标准,一般人对爱的理解既暧昧又幼稚。

比如,一个女人将一生都献给丈夫和子女,以至于与世上一切完全隔绝,那是她的占有欲强于她的爱。爱的真谛不是局限,而是延伸。一个对女人崇拜到找不出可以与之相比的其他女人的男人,不能算作"有爱心的"男人的标本——他是感情发展受到局限,强迫自己停留在婴儿时期保持依赖心态的一个典型。依恋不是爱。

也许先弄明白什么不是爱,再来理解那种促使人格趋于完善的成熟会相对容易些。

首先,爱与电影中出现的男女约会的场面、玫瑰加香槟式的浪漫故事,或作家描写的关于性剥削的激情完全是两回事。爱不是年轻貌美者的专利。

泌尿科专家、美国婚姻顾问协会主席亚伯拉罕·斯通博士指导我们说:我们所谓的"我爱",它的真实含义大多是"我要""我渴望拥有""我从……获得满足""我利用……",甚至"我深感罪恶"。科学家称这是"假爱"。

许多父母把"爱"当作放纵孩子的借口。实际上,他们这只是溺爱,它不利于孩子的成长。纽约杜布斯波克的儿童村,一直致力于重新训练需要指导的问题儿童的工作。机构的理事哈洛德·P.史泰龙说："我们每天都要解决一些父母们因将'爱'与'姑息'相混淆而造成伤害的事件。"

成熟的爱的观念就是耶稣所说的"爱邻如爱己"那样的观念，也是柏拉图在《对话录》中对爱的阐释——从对一个人的关系开始，扩展到全人类和全宇宙。不管是夫妻之间、父母与子女之间还是个人与全人类之间，爱的要素都是不变的。

人类之间的真爱不会阻碍人的成长，它肯定人的其他方面的人格，促进其成长发展。

我认识好多父母常常对女儿的婚姻愤恨不已，只因为女儿企图嫁到某个遥远的地方。记得有一个母亲曾悲叹说："为什么简就不能找一个本地男孩结婚？我们也好经常见到她。我们为她奋斗了一辈子，而她却这么报答我们，去嫁给一个把她带到千里之外的地方的人！"

如果你说她这样做并不是爱自己的女儿，她一定会很吃惊。她是将占有和满足自我跟爱弄混淆了。

爱的真谛不是紧紧守住自己所爱的人，而是放手任他走。成熟的人不会占有任何人的感情，他让所爱的人自由，就如同让自己自由一样。这就像其他的创造性力量一样，爱存在于自由之中。

作家普瑞西拉·罗伯逊在《竖琴家》杂志上为爱下过这样的定义：

"爱，就是给你爱的人他所需要的东西，为了他而不是为了你自己。想想别人把你所需要的东西送给你时的感受。爱包含给予孩子他们所需要的独立，而不是那种所谓的'家长主义'的剥削和专制。

"爱包含各种性关系，但不是对自负或青春的狂乱追求的那种性格的利用。爱的定义还包括那些曾经让你明白自己是哪种人、你会成为哪种人，这些来自于老师和朋友。它也包含善良——对全人类的关怀，它不是给一个需要面包的人投以石头，也不是在他需要理解时给他面包。

"我们认识好多总是自作聪明的'善心'人，他们把我们不想要的硬塞给我们，而愚蠢地留住我们需要的东西。我认为这些人不应归入有爱心的人的行列，而且我想心理学家们也会得出他们无用的爱心不经意地制造了敌意的结论。"

没有什么比"爱是盲目的"这句老话更能误导一个人了。只有擦亮爱的眼睛，我们才能看清身边的人。我们体内有一个随意或冷漠的自我，一个我们怕招致伤害或误解而宁愿隐藏起来的敏感、封闭的自我。

我们采用各种姿态或伪装保护它——沉默、害羞、进取、坚强等等，内心却又一直希望有人会帮助我们发掘内在的真正自我。爱可以透视人心，具有特殊的洞察力，它能为"她爱他什么"这个永恒的问题提供答案。

关怀我们所爱的人的成长和发展，肯定和鼓励他们个性化的存在，尊重他们的本来姿态，创造自由和温情的气氛，这些都是想要学会爱所应持的态度。爱为他人提供了可以在爱中成长的土壤、环境和营养。

嫉妒这种感情经常被人拿来与爱混为一谈。实际上，它是我们缺乏激发自己情爱能力的结果，是占有、驾驭他人的欲望。用付出来取代这种欲望就能克服嫉妒。

我们来看一个女人克服嫉妒学会爱别人的例子。她说："10年前，我深深地陷入嫉妒中。我害怕失去我的丈夫。他并未给我任何值得我嫉妒的理由，如果是这样，我反而不会那么痛苦，因为这样一来，我就少了那些恐惧和因神经质而为自己想象出来的羞辱感。我像所有可笑的妻子那样搜丈夫的口袋，检查他汽车烟灰缸里的东西。我经常整夜整夜地哭，白天再生出一些新的疑心。

"有一天，一照镜子，我看见了一个讨厌的人——那就是我。头发蓬乱，脸部憔悴，衣服更像套在扫帚柄上的一个大袋子！'海伦，'我问自己，'你怕丈夫离开你，但这能怪他吗？

你应该怎么办？'我决心制订计划，改变自己。我开始减少做家务的时间而多注意自己的仪表。我每天进行适当的休息，以增加适当的体重。

"我找了一份推销化妆品的工作，学会使用化妆品。当我的外表开始发生变化时，我的感觉也开始好起来，我的态度渐渐地改变了。丈夫也看出了我的种种变化，做出相应的反应，排除了我的怀疑。我就这样利用原来浪费在嫉妒上的精力，使自己成为我丈夫希望看到的妻子。"

这个女人了解了爱不是强迫，而是需要肯定，所以她获得了爱的能力。

当占有、嫉妒和支配这些异质的因子占据我们的内心的时候，我们对他人真实的爱便会逐渐消失。如果任野草蔓生不去清除，那么世上最美的花园也会荒废。

家庭关系的一个悲剧，是我们经常不经意地以爱的名义造成对他人的伤害。苛求的父母告诉我们那样做是"为了孩子好"，宠爱的父母说他们的做法是为了孩子的"幸福"着想。

俄亥俄州哥伦布的S.F.艾伦太太讲述了一个有关这方面经历的动人故事。数年前，艾伦太太跟她丈夫离婚后，即将面临照顾自己和两个孩子的责任，她被这责任压得无法喘息。她认为培养好孩子需要有严厉的管教。

"我定下规矩，"艾伦太太说，"不听他们找借口。我从不找孩子商量听取他们的意见，而且还规定他们哪些时候应该做哪些事。他们没有机会独立思考，只有一套不得不遵守的规矩。

"我们家开始有了微妙的变化。孩子们总想躲开我。他们躲避我任何爱的表示。我知道他们怕我，怕我这个母亲！

"我反省了一下自己，得出结论，我的所作所为的出发点根本不是为孩子着想，不过是我把因离婚产生出来的压抑情绪发泄在他们身上。我在让孩子无形中承担我个人过错造成的苦难。难怪他们做出明显的反应，虽然他们还不了解。

"我开始破除这种压在他们身上的无形的压力。我向上帝求援，试着从新的角度发现孩子，首先把他们作为人，而不是作为负担或责任看待。我放下一些家务，抽时间多跟孩子在一起，陪他们玩游戏或到一些有趣的地方。我学会了指导他们而不是只会下命令。

"当我的心情放松下来时，欢笑和歌声又重新回到了我们中间。爱、温情与快乐在我和孩子们的身上互相反映，我们的关系得到恢复进而增强。有了这样的气氛，所有问题都变得简单而容易解决了。"

艾伦太太学到的是爱，而且学会了用爱去治疗家庭生活的创伤。

爱的能力，不仅决定着我们与家人的亲密程度，而且也决定了我们与他人的关系。我们对朋友、工作、住地以及世界的态度，大多由我们对家庭所付出和接受的那种爱来决定。

心理学家米尔顿·格林布拉特说："如果一个孩子能接受爱的教育，那么他懂得了自爱和爱他的家人，直至以利他主义者的胸怀真诚地爱所有的人。"

亚希莱·孟德斯博士在他的《人类发展的方向》一书中指出，几乎所有的宗教都认为，生活和爱其实是同一个概念。他总结道："现在看来很明显，人类能够依赖指引他们未来发展方向的主要原则只能是爱。"

只把爱留给家人和亲近朋友的观念是错误的。我们越是爱别人，就越容易获得爱的能力。爱充满整个人格之中，爱是散发光辉在一切活动上的重大能源。有爱心的人总是对工作、同胞和生命充满热情。他们健康而长寿。

拥有成熟的爱的观念对我们每一个人来说都是非常重要的事。在美国，每一年都有40万对夫妻离婚，而且还有成千上万的婚姻岌岌可危。

就世界来讲，世上一直存在着国家分裂、种族对抗、国与国的对立和战争的现象。人类如果想继续存在下去，就必须学会和谐相处。

适当工作拥有神奇力量

马克·H·赫林德和史坦利·A·弗兰克医生在《健康世界》上介绍过一位住在堪萨斯市的 81 岁的女人，说她将一把摇椅退还给她女儿，并附言："我太忙了，没有时间坐摇椅。"

这个母亲懂得了要成熟不要变老的方法。她知道工作才是对生活和健康最有用的东西。

如果你认为幸福就是获得无止境的悠闲，如果你希望退休后可以一直躺在摇椅上，那么你只是进入了愚人的天堂。要知道懒惰是人类最大的敌人，它只会制造悲哀、早衰和死亡。

适量的工作，只要不是过度紧张的工作，就不会对人造成伤害，但过分的安逸却会。

许多医生都在批驳辛苦的工作有害健康这个理论。我知道，英国伯明翰大学医学教授 W·梅尔维尔·安诺特博士就曾站出来说明，过多地休息会导致身体发生有害的变化。

"但是据我们所知：没有任何工作会对健康的身体组织造成伤害。"他说，"即使是你的工作很辛苦，但如果不是很危险，不妨碍睡眠和营养供给……又有足够的休息时间恢复体力，那么这样的工作，就是无害的。相信我，工作是有益的。"

可见工作是对延迟年老造成影响的一个因素。德国脑科研究机构的欧·弗格特博士，在不久前的一次国际老年问题研讨会上提出：脑细胞的剧烈运动可延迟老化的进程。过度工作，不仅不会伤害神经细胞，反而可以延迟其向年老转化。

弗格特博士公布了他对正常人脑神经细胞所做的显微研究结果，重点观察其随年龄增长而产生变化的情况，分别在90岁和100岁时去世的两个女人的非常活跃的脑中，发现她们的脑神经细胞老化的情况都相应地延迟。

"并且，"弗格特博士说，"我们通过对研究对象的观察，找不到因过度工作而加速神经细胞老化的证据。"

是的，辛苦的工作是不会致命的，但是忧虑和高血压却会。跟传统看法相反，那些猝然倒地而亡、罹患各种溃疡症、行色匆匆、肩负重任的工商业主管，并不是因过度工作所致。

他们每天的工作对精力的消耗算不了什么。但是伴随着工作一起到来的紧张的气氛和压力、痛苦的失眠、畏惧竞争的失败、无休止的焦虑，却形成恶性循环，疯狂地吞噬着他的生命力。

这样,他只好借助酒精、安眠药、苯丙胺和去高尔夫球场或手球场上疯狂地运动来逃避,身体和神经系统最后只能以死亡或精神崩溃来结束这种折磨。

现在,美国所有医院的病床有一半以上都被精神方面的病人所占据——远高于小儿麻痹症、癌症、心脏病和其他所有疾病病人相加的总和,这个可怕的事实表明,一定是哪儿出了问题,而出问题的原因绝不在于工作的辛苦与否。

美国是世界上生活水平最高的国家。科学上的进步使我们摆脱了祖辈们视为生活中必要的一部分的辛苦工作,即使技术含量很低的职业,其工作环境也有了改善,工薪阶层的工作时间缩短,机器取代了过去由人力或畜力完成的工作。

我们的休闲时间比以前更多了,所以,我们不能说是工作的辛苦导致我们身处痛苦的境地。因为工作在人生中必不可少,它不只是对人起着维持生计的作用。人不活动,肉体会萎缩以至死亡,心灵也是这样。

工作,并非如古老的信念所言,是对原罪的惩戒,而是酬劳,是人类征服地球的手段,是统治者身份的象征。我们今天的文明,是人类建设、创造、辛勤劳动的见证——人类劳动的最重要的表现,甚至国家也会因失去它而灭亡。

精力充沛的农民、商人、思想家和实践家创造了伟大的罗马帝国，一经落入腐败、堕落的不劳而获者的手中，便崩塌垮掉了——商业、农业、教育及所有形式的活动瞬间没落了。罗马帝国被忙碌的野蛮人取而代之。

在它的废墟上一种新的文明开始兴起并逐渐散布到西方世界，这是由小股的、卑微的、自称基督教团体的单个集团开发出来的。基督教徒首先都是工作者——匠人、小商人，包括奴隶，真正脚踏实地工作的人。

要我说，一个木匠能成为基督教的创始人并不是一个偶然，他在工人中挑选的最初的几个门徒———一些渔夫和一个税吏，也不是出于偶然。基督教历史上最伟大的传播福音者塔瑟斯的撒罗，是一个帐篷制作专家。

把我们的工作视作是一种忍受：出于经济因素的考虑而被迫忙碌至死，就是在剥夺自己享受人类的最大满足的权利。工作本身的益处、它的良好效果和治疗作用、它与性格发展的关系，使得工作成为我们生活中不可或缺的要素。

所有的工作，一经分析，最终都是服务，我们烹制食品、清扫地板、装配零件或纠正某个舞步，它的最终目的都是要把生活建设得更美好、更方便、更快乐，可见这目的是富有创造性的。如果我们想要享受工作的乐趣或从工作中谋利，就应该让这一创造性的目的清晰地呈现在我们心里。

英国著名的电影制作人J·亚瑟·兰克说："人们经常忘记自己从事的行业，存在着最基本的'为什么'这样一个问题。一家制椅工厂不只是要制造椅子从中获取利润，还要制造顾客喜欢坐在上面的椅子。如果椅子制造商忘记了这一点，那么当他有一天醒来就会发现他的椅子，以及椅子能创造的利润，全都不见了。"

有的人声称现代工业文明的突飞猛进已扼杀了工作本身的创造性，无非就是机械化的动作，不断地重复一个动作而不必了解整个过程的工作有什么好得意的呢？他们说，当一个人痛苦不堪地在生产装配线上忙碌时，他引以为傲的成就感又从何而来？

为了回答这个问题，我想谈一谈我个人的经验。有好长一段时间，我为一家大公司工作，做统计打字员，那里有许多打字员。我的工作就是打字，在一台有特制长台架的打字机上打无穷无尽的财务报表，每一小时、每一天我都在打，不停地打。精确是第一位的，然后才是速度。我谈不上喜欢，因为这确实是一份辛苦、单调、乏味的工作。

但是凭良心说，我对我能尽力做到完美感到自豪。这虽然也是所谓的机械式的，但却需要高度的技巧，我很满意自己在工作上达到的高水准，尽管我的工作不过是一项大工程中的一个小环节。它让我体会到精确以及精益求精地做好每一件事的重要性，因而它对我的成长和个性来说还是颇有益处的。

而且这也验证了G.K.契斯特顿所言不虚，他说："摆脱当秘书的命运的最佳方法就是当一个成功的秘书。"

换句话说，就是我们内心对于工作所抱有的态度，在很大程度上决定了我们对它们究竟是令人沮丧的辛苦劳作还是愉悦我们灵魂的乐事做出一个正确的判断。

有的主妇将每天洗碗这样的例行家务看作讨厌而卑贱的奴仆的工作。但是，我认识的一个女人却认为这是难得的享受，她叫波姬儿·达尔，是一位职业作家，写过一本自传并为很多书及杂志撰文。

达尔小姐一生大部分时间都是在黑暗中度过的，经过一系列的手术之后，她的部分视力得以恢复。她说打那儿以后，她每天洗碗为的是感谢上帝创造的奇迹。

"我站在厨房的小窗口前可以望见一小片蓝天，"她说，"那些肥皂泛起的七彩泡沫令我百看不厌。失明多年以后，能在做家务时看到这么多美的东西，令我内心感激不已。"

不幸的是，我们许多视力正常的人却视而不见。我们不具备达尔小姐所拥有的成熟的想象力，我们不懂得珍惜工作能带给我们的价值。

没有什么药品能比工作更有效。得州慕尔休的丽达·琼斯太太说，正是工作把她从精神崩溃的边缘拉了回来。

1941年，琼斯夫妇带着他们的两个孩子搬到新墨西哥一处30英亩的农场里。结果发现那是一个可怕的蛇窟，到处都有响尾蛇的踪迹，一定是全州各地的蛇都聚集到那里去了。

"虽然在我们那里，没有水、电和煤气，给生活带来了不便，但这却并未让我担心。最令我感到恐慌的是每时每刻都要担心家里有人被蛇咬了该怎么办。我梦见我抱着我的孩子从家里跑到镇上去求救，丈夫下田工作时，几分钟不见他，我就会陷入恐惧之中。

"这种不断袭来的忧虑和恐惧迫使我不得不无休止地工作，否则，就会精神崩溃。由于我们的艰苦生活，辛勤工作显然是必要的，而且正是它救了我。我在这30英亩地上全部种上玉米黍种子，磨得双手起了老茧；我自己动手为孩子做所有的衣服；装制足够吃上5年的罐头食品……我每天工作到累得只盼上床睡觉，什么事都顾不过来，包括没有多余的精力去考虑蛇。

"一年的时间过去了，没有谁被蛇咬过，我们搬走了。后来我再没机会那么辛苦地工作过，但是我一直感激那一年的辛苦工作——它救了我，使我逃出了精神崩溃的危机。"

我们应该像琼斯太太那样，懂得利用辛苦的工作创造力量，度过危机。单就养成工作的习惯而言,有时候就能使我们脱离一时的消沉、挫折或失望。辛苦的工作经常在灾难、个人的悲惨遭遇中或失去所爱的人时成为支撑人们的力量。

爱德蒙·伯克说过:"永远不要陷入绝望。但是如果你产生绝望情绪时,就去工作。"爱德蒙·伯克的话可不是空谈,他是有过亲身经历的。他曾经痛失爱子,他经过悉心研究之后,开始痛苦地深信文明快要堕落了。工作对他而言,就像对其他很多人一样,成为这个疯狂的世界上唯一清醒的标志。因此他不断地工作,即使在他绝望之时。

是的,工作是生活的一个法则。不管我们出于什么原因离开工作,都会受苦。工作治疗法已经在一些机构被应用开来,诸如精神病院、监狱、疗养院以及任何必须有人被隔离起来的地方。"退休的人早死"——听起来真实得令人感到悲哀。

从活跃、忙碌、有益的活动状态中转入整天虚度光阴或漫无目的地排遣时日的薄暮世界中,破坏了我们的生命力,降低了承受力,以至于造成早死。在退休后仍然保持快乐的人是那些把退休当作只是换个工作的人。

65岁退休制度是旧时代的产物,已经成为所有进步的国家的羞耻。65岁这个退休年龄标准是借鉴了1870年铁路员工退休制度,在1937年的社会生活保障制度中首次采用。

自从20世纪以来,人类的预期寿命平均增加了20年左右,所以,如今并不是一个人到了65岁,就应该躺到摇椅上或被送进殡仪馆了。但是,我们仍在沿袭65岁退休的制度,不顾有很多人在此时正值巅峰时期的事实。

托马斯·柯林斯是一位研究退休问题的权威人士,他是芝加哥《每日新闻报》的专栏主笔、《黄金岁月》一书的作者,有90家左右的报纸联合刊载他的《黄金岁月》专栏。柯林斯先生将强迫一个人在65岁退休视作"残酷的行为"。他说:

"经过7年来对65岁左右的人进行采访,我发现:在美国,即使把强迫人退休的制度施用于马或狗的身上,也是一种无法容忍的残酷行为。至少,马在临死时会被领到有草吃的地方,而每一只狗也几乎都能自然死亡。

"然而这种残酷不只是在于它会对生存造成威胁……它也是对一个活到65岁的人的能力的怀疑,以至于对他们的精神造成不可治愈的伤害。

"因为,一个人一旦被人家认定他已经老得不能做任何事,将是一件非常可怕的事。当我们想到一个人被剥夺了工作、收入和自尊,就更加可怕。除非我们现在就彻底废除65岁退休制度。"

政府为什么从来不向这些极力主张废除这种退休制度的人——一群65岁的工作者,征询意见呢?很明显的一个事实是，几乎所有正在工作着的人都不愿到65岁时就被强迫退休！单就印第安纳州，我们就发现90%的人都希望在65岁以后能继续工作，在一些大工厂里则还要增加五个百分点。

与工商业界对于雇用老年人所持的态度相比，令人感到欣慰的是，有很多人都到外面为自己找份工作。茱丽艾达·K·亚瑟是一位社会福利方面的权威人士，根据她的调查显示："1950年的普查报告有一个最值得注意的就业事实，那就是有几十万超过75岁的老人仍在继续工作，他们之中很多都属于没有雇主的自由职业者。"

1954年，首都人寿保险公司公布了一项报告：65～69岁之间的男人有3/5就业；70～74岁之间的男人也有2/5就业；75岁以上的男人仍有1/5在工作。他们大多从事的是自由职业。

这些数字再一次有力地证明了这样一个事实——工作的能力和意愿并不在65岁时突然丧失。

只要有能力，大多数的人仍然想继续工作，而不愿因为某个养老金计划制订者说他们应该退休就退休。越来越多的工作者对不公平的强迫退休制度的抗议，已经收到一些良好的效果，一些公司延长了退休年龄年限或使它更具弹性。

可惜的是，这样的公司还是很少。还要多久，人的工作权利才能不再因为年龄的增高，不再不顾他的需要、能力和意愿而被无情地剥夺掉？

在不久前纽约州举行的一次老年问题研究会中，有人当场宣读了一份由杰出的老政治家伯纳德·M·巴鲁克拍给大会的电报。在电文中，巴鲁克先生强烈呼吁废除强迫退休的制度，他说这种制度"对那些虽然年龄很大，但仍然愿意而且有能力继续工作的人来说不是恩惠，是否应该退休不应从年龄而应从能力的角度来考虑"。

巴鲁克先生说："年纪越大的人越是已经获得了无法取代的丰富经验资产的人。"

已经83岁还在担任密歇根州老年问题研究委员会委员的亨利·S·柯特斯博士是美国在这方面的权威人士之一，他的话直指对老年人就业的歧视：

"强迫退休是存在于工商业界的一项严重失误，因为它使许多最佳的人才闲置浪费，而且也使受雇者晚年时期想要做好工作的热情受挫。无论对有能力而且愿意继续工作的人，还是对纳税的大众都是一个严重的错误。工作的权利是一项基本的人权，65岁退休制度的存在是一项基本的人类错误。"

说得精彩，柯特斯博士！愿策划者和官僚们能来听听反对"强迫退休法案"的睿智和强烈的呼声。

"65岁退休的制度规定，"柯特斯博士又说，"是独断的、专横的，不管从生理学还是从心理学上来讲，都没有什么理论能证明一个人的工作能力会在65岁时突然失去。任何年龄都可能变得软弱，这因人而异。如果我们停止动手工作，双手很快就会失去它的灵敏；如果我们停止用脑思考，大脑就会很快衰老。每一个工作者都应该自己选择放弃工作的时间，在他自认不能胜任他的工作的时候。"

工作是年轻人所无法想象的成熟的快乐之一。不管是体力工作还是脑力工作，都是自然赋予我们的可以不断成长而不变老的最神奇的一种力量。

想要避免成为一个随着变老而变得危险的人，最好能像本章开始那个81岁的女人那样：退掉摇椅，忙碌起来！

如何提高工作热情

不论哪一位老板，都十分清楚雇员具有热诚态度的重要性，同时也知道这种人是很难得的。汽车大王亨利·福特曾经说："我喜欢具有热诚精神的人，因为他的热诚，可以感染顾客也热诚起来，这样生意就会成功。"

热情，其实就是工作诚恳且富有热情。

这里的六个规则，我知道是非常有效的，因为它们被一次又一次成功地应用。因此你也不妨来试一试，保证能够提高你的工作热情。这六个规则是如下内容：

一、对你所负责的每一件工作，要尽可能地学习其技艺，了解这一工作与公司整体的关系

许多人有这样一种感觉，自己好像只是一架巨大机器上的一个齿轮。这是因为他们没有明白自己负责的事情的重要性，同时，也由于他并不学习与此有关的其他事情，只是天天去做别人要他干的工作而已。

有这样一个古老的故事：两个人在一起工作，有人问他们在做什么，一个说道："我在砌砖。"而另一个则回答："我在建一座教堂。"

对一件工作或产品的充分理解，可以增加热情。著名的女记者M.泰贝尔说，一次，为了给一篇500多字的小文章收集资料，她花了几个星期。因为，在她看来那些多余的资料可以增加自己的阅读量。由于她知道比文章更为丰富的东西，因此她写起来就更加有信心，更加轻松。

这个诀窍本杰明·富兰克林小时候就已经懂得了，当时他是一家臭气冲天的肥皂工厂里的小学徒。虽然他对成品所做的贡献十分微薄，但是由于了解了整个制造过程，所以他为自己的工作感到相当得意。

厂家通常将产品的制造过程向推销员介绍，这些训练对产品的老主顾是很少有用的。不过，对自己推销的产品有全面了解，能够使推销员在面对顾客时更有热情和权威，这样会形成更好的销量。

任何事都是这样，我们知道得越多，就对它越有热情。所以，假如你感到自己对工作缺乏热情，就该找到其中的原因。极有可能是因为你对自己的工作并不特别了解，或是没有意识到自己对整个工作做出的贡献。

二、制订目标，努力完成

一个人如果立志要成功的话，就必须有固定的目标。首先，他必须清楚自己工作的目标是什么，才能够如同一只猎犬那样紧追不舍。一个明确自己目标的人，不会因为挫折而气馁。

本杰明·富兰克林说道："如果一个人想成功的话，就让他认可自己的工作或职业，然后坚持不懈地做好它。"

英国诗人赛弥尔·雷基就是一个应该听取此劝告的人。他因为精力太分散而浪费了自己的才华，所遗留下的大部分诗作都是没有完成的。他生活在一个梦幻的世界之中，常常是似乎可以完成好多事，结果却一件也没有完成过。他死后，查理斯·兰姆在写给朋友的信中说："雷基死去了，他留下了一些关于形而上学和神学的论文，但是却没有一篇完成！"

从现在开始，想一下自己对未来生活有什么想法，抛弃那些不着边际、无法实现的幻想，鼓励自己去实现切实的生活目标。

三、每天都要勉励自己

这看起来有些孩子气，不过这可是一个很好的"热情建立法"。不少成功者都有这样的经历。卡特本是一位成功的新闻分析家，他年轻的时候，在法国挨家挨户推销东西，每天出发之前，都要说一番话来激励自己。

魔术大师瓦特·沙斯顿也是这样，他经常在上台前大声喊："我热爱我的观众！"他一次次地喊，直到他的血液沸腾起来，然后才上舞台，极力使表演充满活力和欢快的气氛。

可是，大多数人都在稀里糊涂地过日子。每天一早起床的时候，你要对自己说："我热爱自己的工作，我要发挥我的全部潜力。我活得多么高兴，今天，我要最充实地度过。"

四、培养为社会服务的人生观

古希腊哲学家亚里士多德提倡"利己主义的进化"——对一个一心向上的进取者而言，这的确是个好方法。

但是，一个一只眼睛盯着时钟，另一只眼睛注视着自己的薪水袋，完全只为自己工作的人，不会有不断的干劲，而且也不会获得成功。

为他人和社会服务将激发自身的热情。对此有很多例证，许多从事传教工作或者社会服务的人都是极有能力的，他们并不去选择能够赚取更多钱的职业。

自私自利的个人主义者，也许能取得一时利益，但从长远来看，终归会失败。因为他们从中得到的快乐，与我们从周围伸出援助的手中得到的幸福，无法相提并论。

五、交热心的朋友

爱默生说:"我真正需要的是有个人激发我的勇气,促使我去做能做的事情。"也就是说,要给人以鼓励!

如果你想让自己散发热力,最好的办法就是——让自己生活在对事情很机警、有干劲的朋友的影响之下。首先,你需要寻找到这样的人,然后用自己的热诚与他交往,因为不论哪一个团体,这种人不会没有的。你们之间的交往会使你发生一些变化,进而使你找到自己的目标。

另外还有一些建议,那是在《推销的五大原则》一书中,由派西·H.怀登提出来的颇有价值的劝告:"不要与那些缺乏热心、办事慢慢吞吞的人交往!"

六、迫使自己热心于工作,于是你就会热情起来

这可不是我的意见。在我出生之前,威廉·詹姆斯教授就已经在哈佛大学提倡这个哲学了。他认为:

"如果你想得到某种情绪,那就必须像你已经拥有这种情绪那样去行动。只要你假装自己已经有这种情绪了,你就会真的拥有这种情绪。因此,如果你想得到幸福,你就去幸福地工作;假如你想要痛苦的话,那就痛苦地工作吧;如果你要热情,去热情地工作就行了。"

《我如何在推销工作中获得成功》一书的作者法兰克·柏格认为,每个人都可以应用此原则来改变他的一生。很显然,他对此是深有体会的。

NINE

冷静应对突发状况

生活之中总会出现一些突发情况,
没有人知道未来会是个什么样子!
但是,
明智的人会为它的来临做好准备。

丈夫调职，是否跟随？

有的人经常摇头抱怨，他们说女士们往往不愿意离开熟悉的环境，结果把她们的丈夫也束缚在一个固定的工作上。

佛恩·L·艾略特先生是费城大西洋精炼公司的董事，他称这种妻子为"折腾人的小孩"，认为她们是丈夫事业的绊脚石。

另一位董事也对我讲，有一个年轻职员很有前途，但是他妻子不愿移居到一个新的环境，结果他只好放弃一个经过努力得来的晋升机会。他的妻子舍不得什么呢？她的父母亲、朋友、教堂和心爱的客厅！

一个家庭在一个地方扎根很不容易，要他们放弃一切，搬到一个完全陌生的环境生活，需要很大的勇气。婚姻必须有很好的基础，才能经受住这种考验。二战期间，就有许多新娘无法适应在军营之间不停迁移的劳累，同时她们也缺乏必要的能力，在动荡的环境中维持她们家庭的稳定。

但是，如果妻子具备一定的适应能力，应该很容易克服这些困难。雷伦多·葛西纳太太住在弗吉尼亚的福克市，她就是这样的妻子。她在刊载于《妇女杂志》的文章里写道：

"两年前，我的丈夫到海军服役。我们离开新装修的家，带着小孩在全国各地到处跑，当时我以为自己太不幸了，这两年的日子将会暗淡无光。我们走进第一个驻防点时，我的心情十分悲哀。现在，我们已经搬了好几次家，现在感觉我那时候的想法真是太孩子气了！

"我丈夫就要退伍了，我们正计划着定居下来，这当然是我们的愿望。对此我感到多么兴奋，不过我得承认我有点伤心，因为将告别以往的生活方式。这两年来，我过得很愉快，因为我已经适应了在许多不同类型的人群中生活，我已经学会容忍和了解那些思想和作风与我完全不同的人。

"我也习惯于在希望落空的时候，忽视那些并非很要紧的麻烦。我深切地体会到，一个家庭的幸福，并不是建立在一大堆器具用品上面，最重要的是要有爱情、体贴和温暖。不论面临什么情况，自己都要尽量去努力。"

如果你必须迁移到一个新地方，离开自己熟悉的环境，你应该记住以下四点建议：

一、不要指望新环境和老地方相同

环境、工作和人一样，没有完全相同的。假如你丈夫的工作不如过去，也不必灰心泄气，新工作也许有更多成功的机会。

二、不要为失去过去的便利垂头丧气

只要你努力去做，也许会获得意外的惊喜。

有一年夏天，我丈夫任教于怀俄明大学暑假班。由于当时房子很紧张，我们只好住在一间简陋的房子里，这是专门供给已婚退役军人及家眷居住的。我承认，面对这样的住处，我当时真是打不起精神来。

不过，正是那段经历，成了我生命中最有价值、最值得思考的经验。房子很容易整理，邻居都不乏和善友爱。没过多久，我就为自己起初的嫌恶感到惭愧，因为我看着那些年轻的夫妇们到学校上课，把并不富裕的生活资料作了最大的发挥，他们愉快地养育着自己的小孩。

就在那个夏天，我们交了很多好朋友，同时还理解到这样的人与这样的生活水准与成功并没有必然的联系，只要过得去，生活也是幸福的。

三、先到你的新环境里试一试，然后再做出决定

我有个朋友，她跟随丈夫迁移到一个工业城，这次晋升是

她丈夫盼望已久的。但是，她在这个小城里只停留了24小时，就收起行李回他们原来的家去了！她丈夫增加的薪水只够雇一名女佣，后来她的丈夫不得不申请调回本来的岗位。这都是因为他的太太不去尝试适应这里的新环境。

四、不要依恋过去，要善于利用新的机会

要是你迁移到了一个新地方，要努力去结交新朋友，利用各种机会，如到教堂做礼拜、参加俱乐部、加入各种团体，把自己投入新环境中。与其抱怨环境，不如设法适应它们！

罗勃特·瓦特森夫人家在俄克拉荷马的杜尔沙市东23街2641号，她丈夫是卡特石油公司的地球物理专家，因此瓦特森夫妇和四个孩子的行踪遍及全球，曾经在世界上最荒远的地区生活过，但是他们始终保持着轻松愉快的心情。这样和美的家庭真是很少见到。

在瓦特森太太看来，家庭是心灵的休憩所。

"我随时准备动身。我们家每个人都知道，只要用心去找寻，这世界的任何一个地方，都可供我们学习和生长。例如，我们在巴哈马群岛居住的时候，有个潜水冠军在那儿指导潜水。这对我们家的美人鱼苏茜可是一个难得的学习机会。她果然进步神速，终于在一次比赛中取得了奖牌。要是我们不去那里，怎么会有这个好机会呢?

"有一次，一个经理对我提起，他的公司需要派出几名职员到国外工作，不过公司一定要他们的太太同往。根据我的理解，'适应'的最好方法就是在新的环境里，利用各种机会获取新知识，而不是抱怨现状或者抱着过去不放。"

总之，搬来搬去有什么不好呢？老待在一个地方不动会发霉的！所以，如果因为你丈夫工作的关系，你们不得不搬来搬去，那么你就应该高高兴兴地跟着他去，同时牢记以下几点建议：

1. 不要指望新环境与老环境相同。
2. 不要为失去的方便而愁眉苦脸，那些事并没有多么重要。
3. 应该先到新环境去住一住，再下结论你是否能够适应。
4. 充分利用新的机会，不要依恋过去。

试着减轻丈夫的压力

几个月之前,一个老朋友来看望我们,他显得很疲倦而且情绪低落。他说道:"我无法讲清楚!这半年,为了替公司扩展一家分公司,我的工作一直十分忙碌,每天回家都很晚。除非等这件事情办完了,我才能恢复正常的作息时间。

"但是,我太太对此很不理解,因为我不能回家吃饭,不能陪她逛街,搞得我也提不起劲来。这个新公司对我们非常重要,但我无法让她明白这一点。她这样的态度,搞得我安不下心来,无法全力投入工作。"

这个可怜的人,难怪他会这么狼狈,因为他同时承受着来自两个方面的压力。

由此使我想到我丈夫赶写一本书的日子。我真不知道在那段时间里,我们两人究竟谁更痛苦。虽然他是在家里写东西,可是我却见不到他,因为他把自己关在书房里,埋头写到半夜,而且天天都这样。

为了让他赶稿子,我们的社交活动完全停止了,也不能一起到什么地方去散散心。好在朋友们都能谅解我们。

在那些日子,我当然感到孤独。但是,我把心思都集中在照顾戴尔的饮食、休息是否适当和是否需要呼吸新鲜空气上。另外,我还经常去拜访我们的朋友,参加一些俱乐部的活动,培养了更多的兴趣。

时间就这样过去,他那本书可算写完了,于是我们的生活又恢复了从前的样子!

对一个妻子而言,在某些特别辛劳的日子里,也许你的角色并不愉快,但对你的先生而言,你的这些工作是非常必要的。在丈夫最需要的时候,一个妻子应该像个护士、保姆和精神支柱一样站在他的旁边,静静地等待着恢复正常的生活。

用成功的渴望激励着我们的丈夫,使得他们全力投入工作中去,而对其他的事情不闻不问,我们怎么能够不为之鼓舞呢?那么,在这种时候我们怎样去适应新的需要?我们该怎样帮助自己的丈夫,使他轻松度过这段日子呢?

下面的做法曾经给我很大的帮助,想来对你也会有效。

一、给他预备的食物要能配合他的工作

要经常给他吃东西,但分量不要过多。如果要工作到深夜,或者必须赶时间，最好给他准备容易消化的食物，如牛奶、烤苹果、沙拉、果汁、蛋糕、红萝卜和芹菜……这些东西容易消化，而且维生素丰富。如果他要整夜地工作，那么晚饭就不要让他吃过多不易消化的食物。你还可以阅读一些有关营养的书籍，或是同医生谈谈如何为他增加体力。

二、为自己安排一些娱乐活动，不要沉湎于昔日的美好时光

努力提高自己的社会地位，使自己成为一个受欢迎的人，而不必依靠丈夫的引导。在一些社交场合，你可能是多余的人，你自然应该避免发生这种事情。但在其他的集会里，你会如同冬天的太阳大受欢迎。

或者尝试做以前没有工夫做的事情：听听音乐会、参观画展、学习某些课程等。这些活动对你将会有很大的益处，并且使你丈夫不必为你的寂寞而分心。

三、向朋友解释你丈夫的情况，使他们理解他的行为

同时，让朋友们知道你的丈夫正得到你的全力支持。

四、让你丈夫知道你正在支持和关心他的工作

这样，可以使他的工作进行得更加顺畅，而且能够使你不必远离他。

五、要不时地提醒自己，这种情况是不会经常发生的

如果通过这件事情，你证实自己可以克服困难，那么到这个工作完成之后，你们的第二次蜜月就开始了。

支持丈夫的特殊工作

有这样一个妻子，她的先生在一个著名的管弦乐团演奏。他们的音乐会大多在晚上举行，这位音乐家很满意自己的工作，报酬也很高。可是，妻子无法忍受丈夫夜间工作，就强迫他放弃自己所喜爱的职业，放弃乐团的职位，去推销家庭用品。

但是这份工作却完全不适合他，而且收入也相比以前大幅度减少，为此他很不快乐。如此一来，不但他的前途渺茫，而且婚姻的质量也降低了。

那些从事特殊工作或是工作时间特别的男人，都需要妻子很好的配合。出租车司机，火车、轮船的驾驶员以及飞行员等所有从事这些职业的人的妻子必须给予配合，他们的家庭生活才能维持。

许多影视界明星都有过婚姻破裂的经历，因为他们在那个圈子里为了成功而付出努力，却得不到太太的理解和同情。

那些特殊职业者的太太必须认识到，她们是不能什么都获得的，必须承认自己的现实情况，并且设法在丈夫工作的限制之下，维持家庭生活的快乐。

对那些在所谓"迷人"的职业中大出风头的名人夫人，许多女人羡慕不已，例如作家、艺术家、电影明星、歌剧演员。16岁的时候，我的梦想是嫁给一个著名的探险家。可是，我们这些人可曾认真地思考过，嫁给这种人，除了穿名牌服装、上镜之外，同样会有更多的负担。

这种事并不那么容易，关于这一点，罗威·汤姆斯的夫人可以告诉你。她丈夫奇特的经历，简直可以放入《天方夜谭》的故事中去。像他这样闻名世界的人是很少的，他当过新闻广播员、作家、大学讲师、探险家、运动员……他在喜马拉雅山野外度过的时间和在新闻摄影机前面的一样多。

极有才华和魅力的法兰西丝·汤姆斯，能够像变色蜥蜴一样随时改变自己，以适应丈夫的需要。第一次世界大战之后，她和丈夫跑遍世界各地，当时她丈夫在各地讲授阿拉伯的劳伦斯以及艾伦比在巴勒斯坦的战役。而她也没有闲着，一面为穆斯林写祈祷曲，一面担任旅行助理经纪人。

当他们回到美国乡下定居下来以后，法兰西丝一下就成了最忙碌的女人，招待那些不间断地出现在她丈夫的书房里的客

NINE 冷静应对突发状况

人——他们是极为杰出的人物,包括探险家、飞行家、幸运的军人。周末的来客有时可达数百人,真是门庭若市。

在她的丈夫出远门的时候,她就得忍受忧虑的煎熬。例如,第一次世界大战后,德国发生革命,她从报社的电话里得知丈夫在采访一场巷战时受了重伤;1926年,她丈夫乘坐的飞机在西班牙安达奴西亚沙漠中坠落,而她却在巴黎,只能干着急。

前不久,罗威·汤姆斯在西藏旅行,身受重伤,由当地人背负着走了二十多天,才走出了喜马拉雅山。这二十多天,她精神备受煎熬,因为她除了知道丈夫身受重伤之外,再也没有什么消息。这种折磨,我们是否也能忍受得住呢?

这几年来,她唯一的儿子也追随父亲探险的脚步去了。因此,她如今要随时等待儿子的消息了——在法军阵地的前哨、毛利族人暴动的肯尼亚、报道着越共战事的中南半岛。

你是否还认为做个像罗威·汤姆斯那样的名人的太太是一件轻松的事呢?这个故事表明:要嫁一个不平凡的丈夫,你必须是个不平凡的女人。

当你在人群中看着游行队伍,可曾想过自己也是那些州长夫人,可以怀抱玫瑰坐车驶过欢呼的人群呢?

席尔德·麦凯丁是马里兰州州长的夫人,她说这个身份是非常不自由而且相当困难的。她的性格文静、温柔,她的丈夫则活跃、健壮，他们可谓是完美的搭配。她对我说，自从搬进州长官邸，他们的生活完全改变了，她的丈夫整天都忙于公事，很早就起床，晚上要到半夜才睡觉，以至于她很难看到他。

她说只有在陪他外出旅行或是演讲的时候，才能解除这些苦恼："我们发现旅途中所得到的乐趣，比像普通夫妇那样在家里共处得到的更多。激动人心的假期，在旅程中发生的每一件奇妙的事情，都是那么可贵而难忘。"

应该说探险家罗威·汤姆斯和州长麦凯丁这样的男人非常幸运，他们的太太不但能够为他们排忧解难，而且不为名声和地位所带来的种种诱惑所困扰。

如果你的丈夫从事特殊的工作，会带来一些不便，那么下列的建议可以供你参考：

1. 假如只是暂时的，那么忍耐一下，高兴点吧！
2. 在短时间内忍受一件事情，对任何人都是能够做到的。
3. 如果这是长久的情景，你只能接受它，同时尽力改善它！
4. 不要忘记，丈夫的事业也是你自己的事业。

如果你的丈夫为了成功，必须去做这种工作，那就需要你去造就他的生活了。假如因为不适应丈夫的工作而与他分手，这在法律上可以说是遗弃了。更严重的是，这还是一种残缺不全的爱情。

要明白，在这个世界上，没有也不会有一个工作是完全快乐的。

不论哪一种生活方式，都有它的得失利弊。只会抱怨现实的人，即使在理想的环境里，也是没有满意的时候。

给他创造安心工作的环境

这一章也许你可以不看,假如你丈夫是在公司或工厂里每天工作 8 小时的话,因为你所要做的调适工作,与那些丈夫在家工作的太太比较起来可轻松多了。不过你也不妨看看,因为说不定什么时候,生活将有变化呢。

如果妻子在家里打点家务,丈夫却整天在家工作,这样妻子可就很麻烦了。你得静悄悄地踮起脚行走——因为他要求安静;你必须关掉才清扫一半的吸尘器,也不能请朋友到家里来玩——因为这些事情都会干扰他的工作。

要是嫁了一个这种在家里工作的丈夫,你就必须调整自己以配合他的工作。只要做妻子的有足够的爱心,心情愉快,立志帮助他实现他的目标,就一定能够成功。不是已经有很多妻子做到了吗?

凯瑟琳·吉米的丈夫唐·吉米在很年轻的时候就取得了惊

人的成功，加入了一个著名的乐团，是个有名的作曲家。如今他是 NBC 交响乐团广播音乐会的制作指导，美国和欧洲一些主要的交响乐团经常演奏他的交响乐作品，像亚瑟·费德罗和阿尔土罗·托斯卡尼尼等大师级指挥家也演出过他的乐曲。

吉米夫妇和我们是邻居。朋友们都知道，在唐·吉米的光辉生涯里，他的夫人起到了举足轻重的作用。

唐·吉米的作品多数是在家里完成的。他在三楼有自己的书房，但是他却喜欢在餐厅的桌子上进行创作。凯瑟琳的性格温柔，她总是依着他。如她所说，她是一面照料两个小家伙，一面"在他身边服务"。为了保持安静，如果孩子们太吵，她就设法哄他们去做不太出声的事情。

凯瑟琳一心都在家里。她是个烹饪好手，冷冻箱里总是预备着自制的冰淇淋、甜美的蛋糕和各种点心。但是，她却严格控制大家吸取热量，必要的时候会把冰箱锁起来！

唐·吉米也和许多艺术家一样，不断受到经济问题的困扰，因此凯瑟琳就兼做他的经纪人，替他办理合约、决定家庭开支、想办法开源节流。她还要考虑丈夫所需新衣之类的琐事。

我向她请教一个妻子怎样才能帮助在家里工作的丈夫，她说："如果你习惯了这种情况，那么不但容易做，而且会很有意思。要是他整天不在家，到录音室里工作，我会总想着他，我已经习惯了有他在自己身边!"

以下几个简单规则,我认为可以帮助妻子如何应对在家里工作的丈夫:

一、尽量使他感到舒适

然后离开他,去做自己的事情。不必总怕打扰了他的工作,适当的时候可以去探视他的工作进度。

二、不要让他在工作时受到打扰

像开门、照顾小孩、给送货的人付账等事情不要让他去做。应该像他不在家一样,你自己去做这些事。除非房子着了火,不然千万不要打扰他!

三、心态要平稳

如果他的工作不太顺利,可能会变得焦躁不安。这时候你要沉着应对,想办法使他的情绪好转。

四、根据他的时间安排来计划你的社交活动

在他工作的时候切莫在家招待朋友。除非你家的房子足够大,完全能够把他隔离开来。

五、替他安排一下工作计划

留给孩子们一段时间，让他们能够开开心心地玩耍，只要孩子是正常而且健康的，就不能要求他们整天待着不动——通情达理的母亲是不会这样做的。只有大家的权利都受到了重视，家庭才能够快乐。

我相信，上面的规则会很有效。因为在我婚后的 8 年里，我丈夫的工作都是在家完成的，所以我对自己的话有信心。假如你的丈夫一天 24 小时都在家里工作，请尝试一下凯瑟琳的经验吧！

成为一个合格的贤内助

T·W·海斯夫人十分胆怯,她说:"我的胆怯简直到了无可救药的地步,我害怕和陌生人接触,也不敢去参加公开的宴会。"14年前,她结婚了。

海斯先生是一位很有作为的律师,同时也是个活跃的政治人物。因此,他的交游非常广,经常参加各种会议以及社交活动。可是他的新娘,往往是得知自己到了那儿应该做的事情后很惊慌。她怎样才能克服自己的胆怯心理,帮助她先生取得社交上的成功呢?

她对此没有信心!但是,如果她不能克服自己的胆怯心理,实在是过意不去。以下这些话给了雪莉·海斯很大启发:"人们总是对自己最感兴趣。所以,你在谈话中可以把话题集中在他人的身上,他的苦恼或成功。一旦把你的注意力集中在别人的身上,你就会忘记自己的紧张。"

她决心要试试这个方法，果然很有效！她说："因为别人真正使我感兴趣，于是渐渐地我就不知道害怕了。我发觉每个人都有自己的问题和烦恼。当我了解了他们后，我就喜欢上了他们，我和他们相处得很愉快。

"现在，我急于找到新的朋友，我已习惯了在家里招待客人，也喜欢和丈夫一起去做拜访。如今，他已经是州参议员了。真正令我高兴的是，我没有因为不擅社交应酬而阻碍丈夫取得成功。"

每一位妻子都有这样的责任，训练自己的能力，帮助丈夫取得成功。无论她的丈夫是做什么的，如果当妻子的善于和人交往，就能够大大推动丈夫迈向成功的步伐。

如果你生来就具备这种能力，那当然好，不然就应该像海斯太太那样培养这种能力。这是当一个男人的贤内助所必备的条件。

某州长曾私下对我讲，他之所以能够取得成功，是得力于妻子的机智、教养和令人倾倒的魅力。他自己生于海外某个大都市的移民区。他说：

"我娶了个普通的女孩。我不知道自己会不会有自修的动机，从而在社会上出人头地。感谢上帝，我妻子具备了我所缺乏的各种东西。她是我的心灵支柱，不论我们在下层社会的某些场所出入，还是周旋于皇亲贵族之间，她都能够应付自如。"

千万不要这样想，自己的丈夫现在地位很低，根本不需要自己去帮什么忙。要知道，没有谁一开始就站在高高的峰顶，未来工业界、商业界以及职业上的领袖人物，今天都是默默无闻的青年人。

为了你的丈夫在未来 10 年、20 年或是 30 年后能够成为顶尖人物，不至于因为胆怯木讷而被排斥在成功之外，从现在开始做准备不是很好吗？马上行动吧！

要是你认为自己像雪莉·海斯，就设法驱除羞怯心理吧。如果你的笨拙是不擅交谈，就该学会尊敬、喜欢、欣赏他人；如果你受的教育有所欠缺，就不要为自己找借口："因为我没机会上学啊……"而是要立刻到夜校去上课；如果你付不起学费，那就赶快跑到最近的图书馆去，而不是慢慢地走着去。

被丈夫抛在身后的妻子，并不值得同情，因为她们大多不具备同甘共苦的资格。这种人不是一无所知，就是太懒，总是对围绕在每个人身边的无数学习机会熟视无睹，根本无心加以利用来改进自己。

艾立克·钟斯顿是美国电影协会会长的夫人。她是这样说的："创造婚姻幸福的关键，在于依照丈夫的工作节奏来调整自己的人生步调。"

她这样劝告太太们：如果她们想赶上丈夫事业的步调，就要多参加社交活动，拓展自己的社会交际，千万不要把自己的生活局限在一个小圈子里。

钟斯顿夫人还说："也许你认为，你丈夫的工作并不需要你以社交活动来协助。可是，当初我丈夫只是个挨家挨户推销真空吸尘器的人，并没有现在的事业。那时候，谁能想到他将来会打出什么天下。我只知道他在渐渐地创造出一个局面。"

没有人知道未来会是个什么样子！但是，明智的人会为它的来临做好准备。学习如何与人相处，广交朋友，这是为你丈夫成为重要人物所做的准备，不论他现在的职业和社会地位如何，这种能力永远能够帮助他。

如果你的丈夫不善言谈交际，一个机灵的妻子能够帮助他弥补这个不足；而如果他已经相当机敏圆滑，妻子也有必要维护他，以免他让人感到荒谬可笑。

我为了收集本书资料，曾经对美国最大公司之一的人事主任进行了访问，我们的会谈很愉快，他很欣慰地告诉我，有时候他因为太投入工作，以至于忽略了其他的人。但他的妻子从来没有因为他太忙而抱怨。他说：

"最近，我跑到我们的洗衣店，向那个老板气冲冲地吼叫，不准他在给我洗衣服的时候再有偏差！他哭丧着脸对我说：'如果是你太太来，我会觉得好一点。'我的太太仁慈和善，每个人都喜欢她。她的确很体谅别人，决不使人感到难堪。

"我们的邻居是个希腊人,当我们走过他的店铺时,她用希腊语和他招呼;在街尾的另一角,她用意大利语向卖水果的人打招呼。可是他们都不理睬我——因为我的太太不怕麻烦地学他们的话,去同他们寒暄。她的做法深获人心,确实使她处处受欢迎。"

我真想认识这位女士,难道你不想吗?

友善、和气,这是一笔无价资产。一个男人的工作太忙,常会用心于工作的技术层面,而忽略人的温情。不过,要是他有一个能够制造出温馨气氛、一团和气的妻子,将是多么的幸运。无论丈夫怎样了不起,这样的女人都不会被抛弃在背后。她是丈夫的亲善大使。

一个亲切和蔼的女人促使她丈夫取得良好的社会地位有许多方法。这些方法需要经常练习,如同所有的技术一样。

美国新闻广播协会会长的夫人汉斯·V·卡天傅,就有很高明的社交方面的本领。因为她似乎有第六感,知道应该在何时打岔,以及如何打岔,她说自己已经被人称为"打岔专家"了。

我访问她时,她对我说,如果丈夫的话题偏离了方向,她就会设法一方面提醒丈夫,一方面使人把注意力从不愉快的话题移开,在一个适当的时机对他说:"汉斯,咱们为什么不谈……的事情呢?"

因为卡天傅先生很受欢迎,在他讲演结束以后,往往有许多人想和他握手，或是站着与他谈上半天，那对他的健康是不利的。为了使丈夫不过于劳累，卡天傅夫人会在最适当的时候提醒他，说他们的汽车正在外头等着，或者他们就要赶不上下一个约会了，这样巧妙地把丈夫带出去。

有一次，卡天傅先生在市政厅演讲以后，听众们提出许多问题，他被困在那里。卡天傅夫人知道这样下去她先生今天将会累惨的，于是站起来说："对不起，我也有个问题，卡天傅太太请问卡天傅先生，什么时候能够回家吃饭？"听众们听了，一致支持她的意见，于是，卡天傅先生终于能够回家吃饭了。

如果一个妻子要造就出成功的丈夫，或者是造就出一个她所希望的成功丈夫，还有一件事情也很重要，这就是：妻子要防止丈夫对于成功的骄矜自满。不过，完成这个任务需要双方有足够的爱心、体贴和善于把握合适的时机，否则会带来相反的结果。

前面，我们提了很多鼓励男人进取的方法。但是，男人有时候也需要贬抑一下，这样才能保证他不会变成一个盲目自大的人，保持他清醒的理智。能够做到此点的女人，应该感激她一生。狄斯雷里说过，他感到自豪的是他的太太是自己最严苛的批评家，她能够使自己那飘然欲飞的丈夫进行踏实的创作。

另一位名人里曼·毕奇·斯托是名作家和大学讲师，他的祖母荷里特·毕奇·斯托写过《汤姆叔叔的小屋》。他对我坦言，在适当的时候他太太会给他以亲切的贬抑，对他的成功而言这是很大的贡献。他说：

"在我刚到大学的时候，很幸运的是学生都喜欢我。下课后他们总围上来，对我的讲演大加赞赏，使我有点飘飘然。当时，我对于自己的确有些浑然陶醉了，我迫不及待地跑回家去，对太太说她的先生是一个伟大的天才。

"当我进行一件新工作，或是接受一个富有冒险性的事情的时候，她总是鼓励我，帮我树立信心。所以，当我得意扬扬地向她报告成功时，她却很冷淡，这让我感到很惊讶。她说：'我当然高兴你做得这样好，但却千万不可被胜利冲昏了头。如果不努力保持你现在的水准，那么今天称赞过你的这些人，明天将会弃你而去。'

"有一次，那是在一个大厦的奠基典礼上，我做公开演讲。我觉得自己表现得淋漓尽致，完全把握了在这个场合需要的技巧，简直就是继威廉·布里昂以后最伟大的演说家。就这样我扬扬得意地回到了家里。

"我沾沾自喜，在她面前把讲演重演一次，不厌其烦地把得意的细节重复了好几遍。然后，我坐下来等待着她的赞扬。可她只是微笑着对我说：'亲爱的，那太好了，可是那些投资建楼的人呢？他们不是更加值得被赞美吗？你的演讲只是你对

他们表示的敬意呀。'

"确实是这样。我骄傲自大的心理马上像肥皂泡似的消失了。我差一点就成为一个可笑的狂妄自大、不明事理的小丑了。真要感谢我太太，她以自己的爱心和敏感使我能认识自己，知道自己的努力还不够。"

上面提到的海斯夫人、钟斯顿夫人、卡天傅夫人和斯托夫人，都知道怎样同自己的丈夫在一起生活，而且她们还能够为丈夫的事业增光添彩。

她们的做法是任何女人都能够做到的，那就是尽力赢得人们的友谊，在任何一种社交场合中都愉快自如，同时要促使丈夫脚踏实地，而不是因为成功就骄矜自满。

如果这样，她当然不必为可能变成"被丈夫抛在身后的人"而担忧了。

如果这些情况在你生活中发生了，你应该这样应对：

一、如果丈夫工作需要，就心甘情愿地跟他搬到新环境。

二、在丈夫工作过量时，要全心协助他。

三、对于他工作所带来的特殊情况，要下决心去适应。

四、如果你的丈夫是在家里工作，尽量少去打扰他，并设法让家里每个人都感到舒适。

五、跟上你丈夫的脚步，不要落在他的后面。